제 7 판

새로운

PCB 제조기술 입문

홍순관 저

B.C.Info

머리말 Preface

PCB(Printed Circuit Board)는 절연판 위에 구리 배선을 가공하여 만든 '회로기판'이다. PCB에는 반도체 부품을 비롯한 각종 전자 부품들을 실장하며, 이들이 구리 배선을 통해 서로 연결되면서 하나의 전자회로 시스템으로 동작하게 된다.

PCB 제조기술은 반도체를 비롯한 전자부품의 변화와 기술발전에 대응하여 발전해 왔으며, 현재는 전자산업을 뒷받침하는 핵심 산업으로 자리잡고 있다.

이 책은 PCB 기술의 기초를 익히는데 도움이 되는 입문서로, 주요 내용은 다음과 같다.

- PCB의 종류와 역사 및 산업 현황
- PCB 제조에 사용되는 원 · 부자재와 기초 제조기술
- 보편적 PCB 제조기술인 단면과 양면 PCB 및 다층 PCB(MLB)의 제조공정
- 고부가 PCB 제조기술인 빌드-업 PCB와 IC Substrate 및 Semi-Additive 기술
- 임베디드 PCB 기술과 광 PCB 및 방열 PCB 기술

이 책은 2002년에 최초로 출간하였으며, PCB 기술 및 산업의 변화를 지속적으로 내용에 반영하여 '국내에 유일한 PCB 기술 입문서'로서의 역할을 강화하여 왔다. 이번 제7판에서는 1장에 소개된 PCB 산업 현황을 최근의 데이터로 수정하였다.

끝으로 이 책이 새롭게 나오기까지 수고해 주신 복두출판사의 관계자 여러분께 깊은 감사의 마음을 전한다.

저자 씀

이 책의 차례

4 단면 PCB의 제조공정

5 양면 PCB의 제조공정

6 MLB의 제조공정

CONTENTS

7 빌드-업 PCB와 IC Substrate

8 최신 PCB 제조기술

Chapter

01

PCB란 무엇인가?

1.1 PCB의 소개

PCB는 절연체로 만든 판(Board)에 구리(Cu)와 같은 도체를 가공하여 배선을 형성한 '회로기판'이다. 초기의 PCB는 인쇄 기법을 많이 사용하여 만들었기 때문에 '인쇄하여 만든 회로기판'이라는 의미로 PCB, 즉 'Printed Circuit Board'라는 이름을 붙였다.

반도체 IC(Integrated Circuit ; 집적회로)와 각종 전자부품들은 그 자체로는 동작할 수 없다. 전자부품을 실장하여 전기적으로 연결하고, 전원을 공급해야 하며, 이를 담당하는 기능성 부품[1)]이 PCB이다.

[그림 1.1]은 전자부품이 실장된[2)] PCB이다. 그림에서 ❶은 다양한 폭(Width)을 가진 배선이고, ❷와 ❸은 전자부품이다. PCB에서 배선은 실장된 전자부품을 전기적으로 연결하고 전원을 공급하는 역할을 한다. 또한 PCB 기판은 전자부품은 물론 기구(기계)적인 부품을 부착하는 지지대의 역할도 한다. [그림 1.1]과 같은 PCB에 외부 케이스(Case)와 조절기 등을 조립하면 전자기기가 만들어진다.

[그림 1.1] 전자부품이 실장된 PCB

1) PCB도 하나의 전자부품으로 생각할 수 있다.
2) PCB 기판에 전자부품을 부착하는 작업을 실장(Mounting)이라 한다.

한국, 중국, 일본 등 아시아에서는 PCB라는 용어를 사용하지만, 미국이나 유럽에서는 PWB(Printed Wiring Board)라는 용어를 사용한다. PCB는 우리말로 '인쇄회로기판'이라는 용어를 사용하여 왔다. 그런데 최근의 PCB 제조기술에서는 인쇄 기법을 많이 사용하지 않으므로 '전자회로기판'이라는 용어도 새롭게 사용하고 있다.

PCB 제조기술은 반도체 IC의 집적도[3]와 전자기기의 경박단소화(輕薄短小化)에 맞추어 발전해 왔다. 그에 따라 배선의 폭을 줄여 배치 밀도를 높인 고성능의 PCB가 만들어지고 있으며, 이를 HDI(High Density Interconnection) PCB라 한다.

[그림 1.2]는 HDI PCB의 예이다. 그림에는 배선 밀도가 높은 부분을 확대하여 보였으며, [그림 1.1]과 비교해 보면 배선의 가공 정밀도와 배치 밀도가 매우 높다.

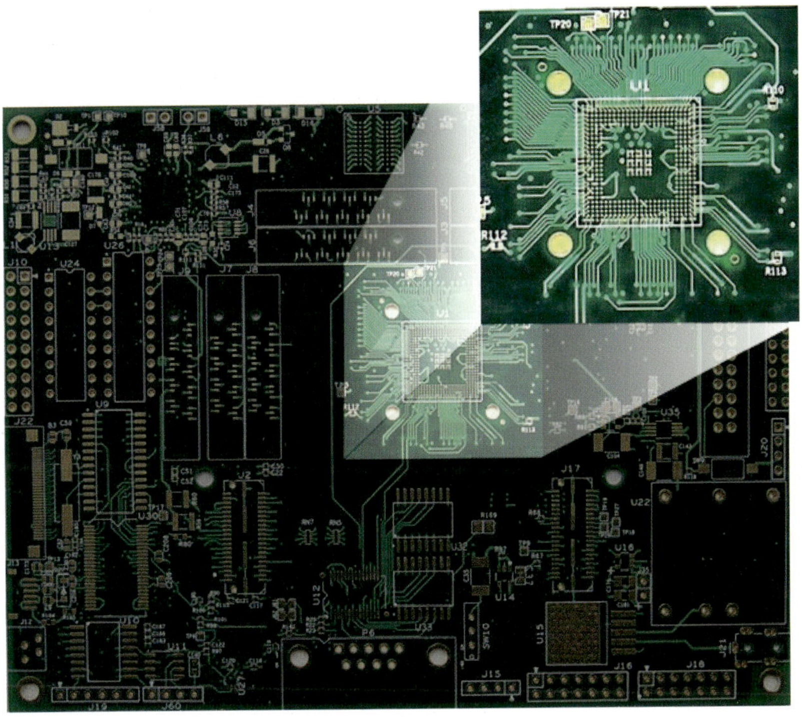

[그림 1.2] HDI PCB

3) LSI(Large Scale IC) → VLSI(Very Large Scale IC) → ULSI(Ultra Large Scale IC)로 순서로 집적도가 높아지고 있다.

1.2 PCB의 종류

[그림 1.3]은 PCB의 종류이다. PCB는 먼저 용도에 따라 부품 실장용과 반도체 실장용으로 구분한다. 부품 실장용 PCB는 전자부품을 실장하여 사용하는 일반적인 PCB이다. 이에 비해 반도체 실장용 PCB[4]는 웨이퍼 상태의 반도체 칩(Chip)을 실장하기 위한 PCB이다. 여기에서는 우선 부품 실장용 PCB를 살펴본다.

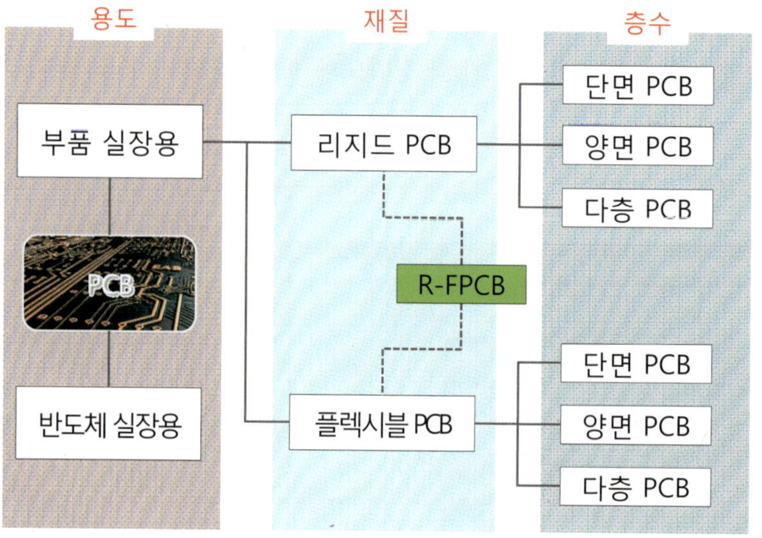

[그림 1.3] PCB의 종류

1.2.1 재질에 따른 구분

PCB는 재질에 따라 리지드(Rigid) PCB와 플렉시블(Flexible) PCB로 구분한다. 리지드 PCB는 일반적으로 사용되는 딱딱한 PCB로, '경성 PCB'라고도 한다. 이는 절연판의 소재인 에폭시 수지(Epoxy Resin)나 페놀 수지(Phenol Resin)의 재질이 딱딱하기 때문이다. 따라서 리지드 PCB는 부품을 실장하거나 기계적인 부품을 설치하는데 유리하다. [그림 1.4]는 리지드 PCB의 예이다.

4) 반도체 실장용 PCB는 'IC Substrate' 또는 'Package 기판'이라고 한다. 이는 7장에서 설명한다.

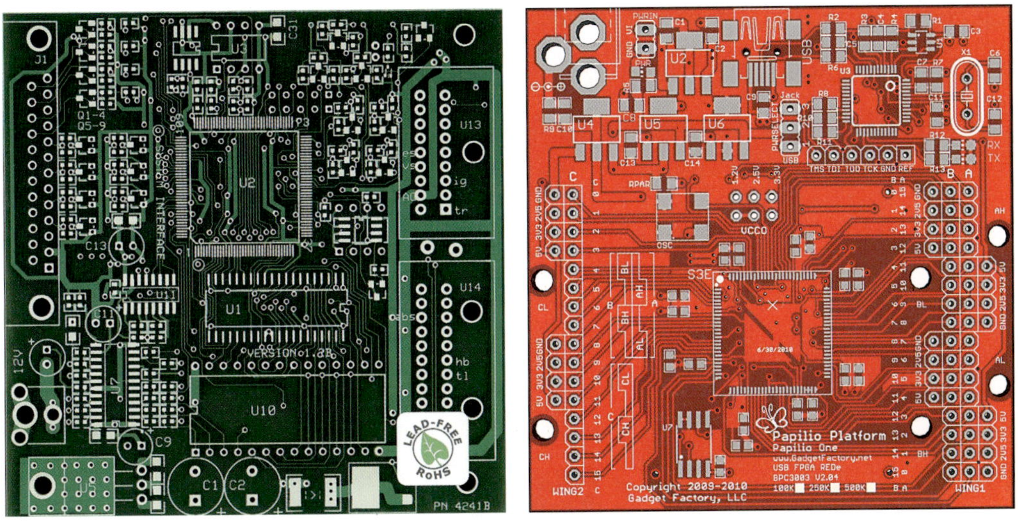

[그림 1.4] 리지드 PCB

플렉시블 PCB는 필름 소재인 폴리이미드(Polyimide)를 절연판의 소재로 사용한다. 이 때문에 플렉시블 PCB는 유연성(굴곡성)을 가지고 있다. 플렉시블 PCB는 이 유연성을 이용하여 전자기기의 케이스에 휘거나 접어서 장착할 수 있으며, 이것이 플렉시블 PCB의 가장 큰 장점이다. 플렉시블 PCB는 '연성 PCB'라고도 한다. [그림 1.5]는 플렉시블 PCB의 예이다.

[그림 1.5] 플렉시블 PCB

R-FPCB(리지드-플렉시블 PCB)는 리지드 PCB와 플렉시블 PCB를 결합하여 만든 PCB이다. R-FPCB는 리지드 PCB를 커넥터 없이 접속할 수 있고, 3차원적인 회로 연결이 가능하므로 휴대용 전자기기의 소형화와 고성능화에 유리하다.

R-FPCB는 서로 다른 재질의 PCB를 결합시켜야 하므로 제조공정이 어렵지만, 전자기기의 기능이 복잡해지고 소형화됨에 따라 최근에 많이 사용되고 있다. [그림 1.6]은 R-FPCB의 예이다.

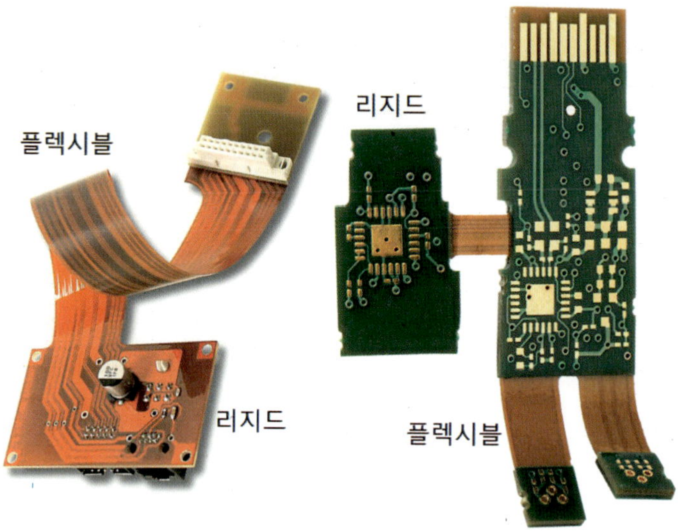

[그림 1.6] R-FPCB

1.2.2 층수에 따른 분류

PCB는 층수에 따라 '단면 PCB'와 '양면 PCB' 및 '다층 PCB'로 구분한다. [그림 1.7]은 층수에 따른 PCB이다.[5] 단면 PCB(Single Side PCB)는 기판의 한쪽 면에만 배선을 형성한 PCB이고, 양면 PCB(Double Side PCB)는 기판의 양쪽 면에 배선을 형성한 PCB이다. 다층 PCB(Multi Layer Board ; MLB)[6]는 그림과 같이 배선을 여러 층으로 형성한 PCB이다.

5) 출처 : http://www.eng.pselectro.ru
6) 이하에서는 다층 PCB를 산업계에서 일반적으로 사용하는 용어인 'MLB'로 표기한다.

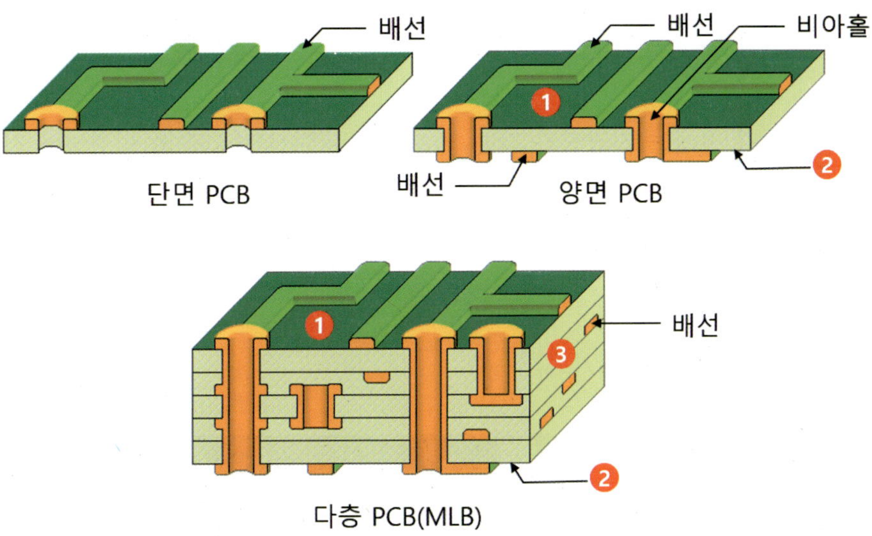

[그림 1.7] 층수에 따른 PCB

[그림 1.7]의 양면 PCB 및 MLB에서 ❶로 표시한 위쪽 면은 주로 전자부품이 실장되므로 '부품면(Component Side)'이라 한다. ❷로 표시한 아래쪽 면은 전자부품의 리드(Lead)를 납땜하므로 '납땜면(Solder Side)'이라 한다. [그림 1.7]의 다층 PCB(MLB)에서 ❸은 안쪽에 위치한 층이므로 내층(Inner Layer)이라 한다. 내층과 구분하여 부를 때는 ❶과 ❷를 외층(Outer Layer)이라고 한다. [그림 1-7]에서 비아홀(Via Hole)은 양면 또는 MLB에서 층간을 연결하는 역할을 한다. 이 때문에 비아홀은 양면 및 MLB에만 가공되어 있다. MLB에는 원하는 층들을 연결하기 위해 다양한 모양의 비아홀이 형성되어 있다. 비아홀을 만드는 방법과 종류에 대해서는 5장과 6장에서 설명한다.

단순한 기능의 제품에는 단면 PCB가 주로 쓰이고, 기능이 복잡한 전자기기일수록 한정된 공간에 많은 배선을 배치하기 위해 PCB의 층수가 증가된다. 다만 10층 이상의 MLB[7]는 제조공정이 복잡하고 불량률도 높기 때문에 특별한 용도로만 제조된다.

7) 이를 고다층 PCB라 한다.

1.3 PCB의 역사

PCB가 발명되기 전에는 진공관과 같은 전자부품을 전선으로 직접 연결하여 사용하였다.[8] 이 방법은 배선이 고정되지 않으므로 연결이 쉽게 끊어지고, 배선이 복잡해지는 등 많은 문제가 있었다. [그림 1.8]은 1940년대에 미국에서 생산된 TV이다. 왼쪽이 전체 모습이고, 오른쪽은 내부이다. 'Flying Lead' 연결법으로 TV 회로를 구성한 결과, 수많은 전자부품과 배선이 복잡하게 얽혀 있다.

[그림 1.8] PCB 없이 제작된 TV

[그림 1.8]과 같은 문제는 1936년에 P. Eisler가 지금의 PCB와 비슷한 최초의 PCB를 발명함으로써 해결되었다. [그림 1.9]는 초기에 만들어진 PCB의 모습이다. 왼쪽 그림은 전자부품(진공관의 모습이 보인다)이 실장된 모습이고, 오른쪽 그림에서는 도전체인 동박(Copper Foil)으로 만든 배선이 보인다.

1930년대 이후, PCB 기술은 미국을 중심으로 단면 PCB로부터 양면 PCB 및 MLB로 발전하였으며, 전자부품의 발전과 더불어 오늘날의 고성능 PCB로 발전하였다.

한국은 1963년에 최초로 단면 PCB를 제조하였고, 1972년에는 양면 PCB를, 1982년에는 MLB를 각각 제조하였다. 이후 한국의 PCB 기술은 2000년대를 지나면서 획기적으로 발전하였다. 2013년을 기준으로 한국은 세계 2위 수준의 PCB 제조기술과 세계 4위의 생산규모를 가진 세계적인 PCB 국가로 발전하였다.

8) 이를 'Flying Lead' 연결법이라 한다.

[그림 1.9] 초기에 만들어진 PCB

[표 1.1]은 세계와 한국의 PCB 기술의 역사이다.

[표 1.1] PCB 기술의 역사

연대	기술 개발	주요 전자부품	주요 사항
1936년	Paul Eisler (영국)	진공관	• 동박을 부식하여 절연판에 배선을 형성한 최초의 PCB를 발명
1940년대	미국	진공관	• 단면 PCB 개발(1940년, IBM사)
1950년대	미국 중심	트랜지스터	• 양면 PCB 개발(1953년, Motorola사) • 페놀(Phenol)을 절연재료로 사용한 기판 등장
1960년대	미국, 일본 중심	트랜지스터, 집적회로	• MLB 개발(1961년, Hazeltine사) • FPCB(Flexible PCB) 개발(1969년, Philips사) • (한국)단면 PCB 제조(1963년)
1970년대	한국, 대만 등으로 기술 확산	집적회로 (LSI)	• 현대적인 PCB 기술의 확립 • 전기 동도금 기술의 보급 • (한국)양면 PCB 제조(1972년)
1980년대		집적회로 (VLSI)	• 빌드-업(Build-up), 포토 비아(Photo Via)와 같은 고밀도 배선을 위한 기술 등장 • (한국)MLB 제조(1982년)
1990년대	아시아의 획기적인 성장	집적회로 (ULSI)	• 빌드-업 PCB 제조(1991년, IBM사) • 플렉시블 PCB의 수요 증가 • 임베디드(Embedded) PCB 기술 등장(미국) • (한국)빌드-업 PCB 제조(1997년)
2000년대 ~ 현재	세계 PCB 산업의 중심 이동		• 아시아 4개국(중국, 한국, 대만, 일본)이 세계 PCB 생산의 82%를 차지(2021년) • RoHs와 같은 환경보호를 위한 규제 시행 • 광PCB 기술의 등장 및 개발 • (한국)세계 최고 수준의 제조기술 보유 및 세계 3위의 PCB 생산국(2021년)

1.4 PCB 산업의 현황

1.4.1 산업의 특징

PCB 산업은 수요자의 주문에 의해 생산이 이루어지는 '주문생산 방식'이라는 점이 가장 큰 특징이다. PCB 제조업체는 독자적인 제품을 생산하지 않으며, 주문에 의해서만 PCB를 생산한다. 이러한 특징 때문에 특정 제품을 양산하는 경우를 제외하고 대부분의 PCB 제조업체는 다품종을 소량으로 생산한다. 수요자는 PCB를 주문할 때, PCB 제조에 필요한 설계 데이터와 제조규격 관련 정보를 PCB 제조업체에 제공한다. PCB 제조업체는 고객이 제공한 데이터를 바탕으로 PCB를 제조하여 수요자에게 공급한다.

PCB 산업은 전 · 후방 산업의 연계 효과가 큰 산업이다. PCB 산업의 전방산업은 스마트폰을 포함한 모바일(Mobile) 기기, 컴퓨터, 가전기기, 자동차, 항공기 산업 등이며, PCB 산업은 이들 전방산업의 수요에 큰 영향을 받는다. PCB 산업의 후방산업은 기초소재, 제조공정 관련 약품, 가공 설비 등이며, 이 역시 PCB 산업과 밀접하게 연관되어 있다.

PCB 산업의 또 다른 특징은 장치산업이라는 점이다. PCB는 40여개 이상의 세부 공정을 통해 제조되며, 가공 정밀도 등 제조기술의 수준은 설비의 성능과 밀접한 연관이 있다. 최근에는 자동화되고 정밀한 설비가 많이 사용되며, 이러한 설비를 갖추어야 제조업체의 기술력과 가격 경쟁력을 높일 수 있다.

PCB 산업은 전자산업을 뒷받침하는 대표적인 부품소재 산업이다. 전자기기의 소형화 및 고성능화를 위해서는 PCB의 고성능화가 필수적이며, 이러한 측면에서 PCB 산업은 핵심 전자부품 산업이라고 할 수 있다. PCB 제조기술은 배선의 선폭과 간격의 축소, 기판 두께 및 무게의 감소, 미세한 홀의 가공, R-FPCB의 적용 등의 방향으로 발전하고 있다.

1.4.2 산업의 현황

[그림 1.10]은 2018년부터 2021년까지 세계 PCB 산업의 생산규모 변화이다.[9] 2018년에 세계의 PCB 생산규모는 620억 달러였으며, 2019년에 612억 달러로 감소하였으나 2020년과 2021년에는 연속적으로 성장하였다. 2021년에는 전년 대비 4.4% 증가한 663억 달러에 달한 것으로 조사되었다.

9) 이 책에 사용된 통계 데이터는 한국전자회로산업협회(KPCA)의 '한국의 전자회로기판 산업현황(2022년도판)'을 참고하였다.

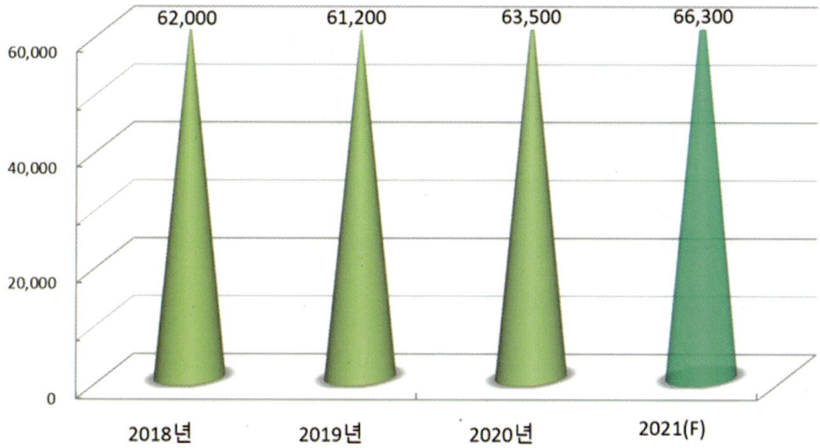

[그림 1.10] **연도별 세계 PCB 산업의 생산규모(백만$)**

[그림 1.11]은 2021년을 기준으로 살펴본 국가별 PCB 생산 점유율이다. 중국이 47.2%를 점유하여 세계 1위이고, 대만이 13.3%로 세계 2위, 한국이 12.7%로 세계 3위를 기록하였다. 일본은 8.4%로 세계 4위의 산업 규모를 가지고 있다. 최근 들어 동남아 지역의 점유율이 12%에 가깝게 증가하는 점이 특징이라 할 수 있다.

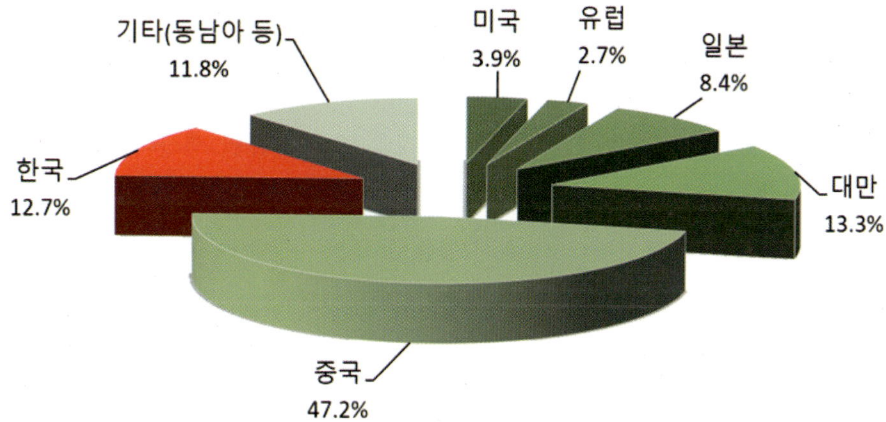

[그림 1.11] **국가별 PCB 생산 점유율(2021년)**

중국의 경우에는 자체 기술이나 자본에 의한 발전보다는 일본, 대만, 한국, 미국 등의 PCB 제조업체들이 진출함에 따라 산업규모가 급속히 확대된 것이다. 세계 PCB 산업은 아시아의 4개국(중국, 한국, 대만, 일본)이 주도하고 있으며, 2019년 기준으로 이들 4개국의 세계 시장 점유율은 82%이다.[10)]

[그림 1.12]는 연도별 한국 PCB산업의 생산규모 변화이다. 한국의 생산규모는 2018년의 9조 8천억 원 규모에서 2021년에 11조 5천억 원 규모로 17% 정도 성장하였다. 한국의 PCB 산업이 발전을 지속하기 위해서는 새로운 성장 동력(신기술 개발, 신규 응용제품 등)을 찾아내는 노력과 함께 소재 및 장비 산업의 육성, 전문인력 양성과 같은 산업 기반 조성에도 관심을 가져야 할 것이다.

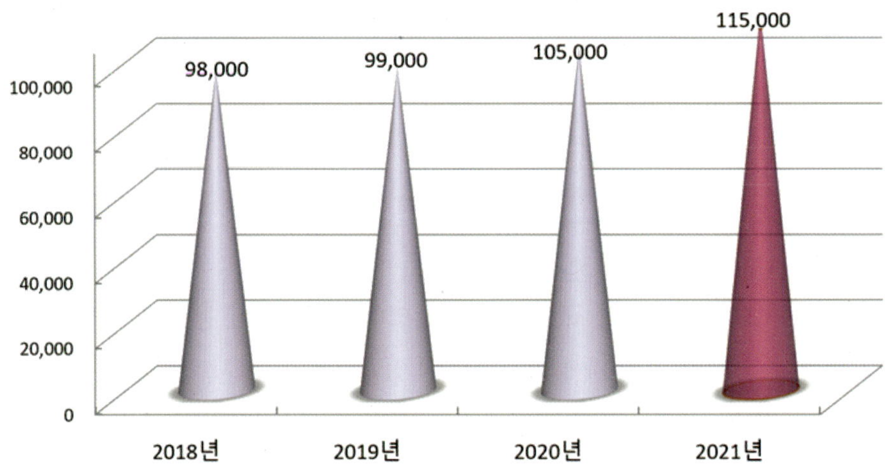

[그림 1.12] 연도별 한국 PCB 산업의 생산규모(억 원)

[그림 1.13]은 2021년을 기준으로 살펴본 세계의 PCB 제품별 생산비율이다. '단/양면' PCB는 12%, '다층' PCB(MLB)는 38%를 차지하고 있으며, 고밀도 배선 PCB인 'HDI 기판'은 13%를 차지하고 있다. 유연성을 얻기 위해 필름 소재를 사용하는 플렉시블(Flexible) PCB, 즉 'FPCB'는 19%를 차지하고 있다. 반도체용 PCB인 'IC Substrate'는 2020년의 16%에서 2021년에는 18%로 생산비율이 증가하였다. 이는 PC의 수요가 늘어남과 동시에 데이터센터용 서버, 게임기, 5G 통신용 등에서 수요가 크게 늘었기 때문이다.

10) 2002년의 경우, 4개국의 점유율은 63% 정도였다.

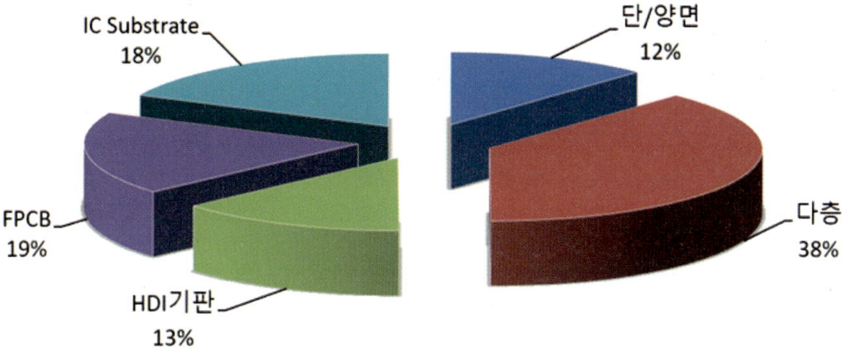

[그림 1.13] 세계의 PCB 제품별 생산비율(2021년)

[그림 1.14]는 2021년을 기준으로 살펴본 한국의 PCB 제품별 생산비율이다. '단/양면' PCB는 6%, '다층' PCB(MLB)는 21%를 차지하고 있으며, 'HDI 기판'은 9%를 차지하고 있다. 또한 'FPCB'와 'IC Substrate'는 2020년에는 31%로 같은 생산비율을 차지하였으나 불과 1년 만인 2021년에 'IC Substrate'는 36%로 크게 증가하였고, 'FPCB'는 28%로 감소하였다. 이는 [그림 1.13]에서 살펴본 것처럼 PC와 서버 및 5G 통신용 제품에서 수요가 크게 늘었기 때문이다.

한국의 PCB 제품별 생산비율에서, 높은 수준의 가공 기술이 필요한 'HDI 기판'과 'IC Substrate'가 차지하는 비율은 45%이다. 반면에 [그림 1.13]에 보인 세계의 PCB 제품별 생산비율에서 'HDI 기판'과 'IC Substrate'가 차지하는 비율은 31% 정도이다. 이는 한국의 PCB 산업이 고부가 PCB 제품을 주로 생산하고 있음을 나타낸다.

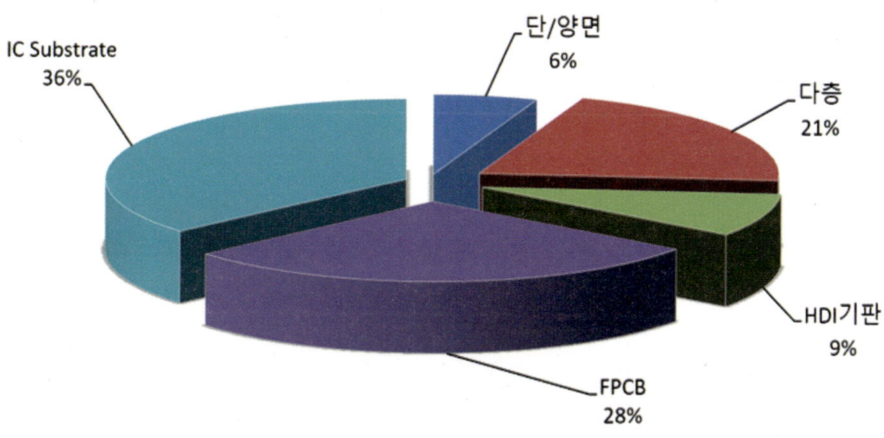

[그림 1.14] 한국의 PCB 제품별 생산비율(2021년)

더 알아보기

"PCB의 필요성"

[그림 ❶]은 '555 Timer' IC로 구성한 'LED 점멸회로'이다. 이 회로는 저항(R1, R2)과 커패시터(C1)의 용량에 따라 출력단자(Out, 3번 핀)로 일정한 주파수의 펄스를 출력하여 LED를 점멸시킨다.

[그림 ❷]는 'LED 점멸회로'를 브레드보드에 구성한 것이다. 브레드보드를 이용하면 PCB를 사용하지 않고, 간단한 회로를 구성할 수 있다. 이 회로는 일시적으로 회로의 동작을 확인할 수는 있으나, 이 자체를 전자기기로 만들 수는 없다.

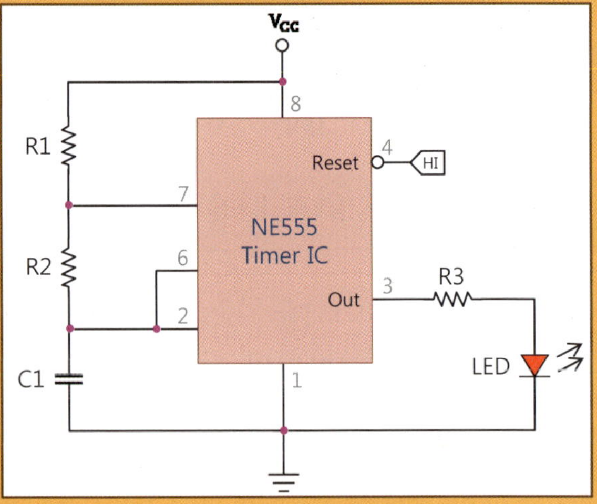

[그림 ❶] LED 점멸회로

[그림 ❷] 브레드보드에 구성한 LED 점멸회로

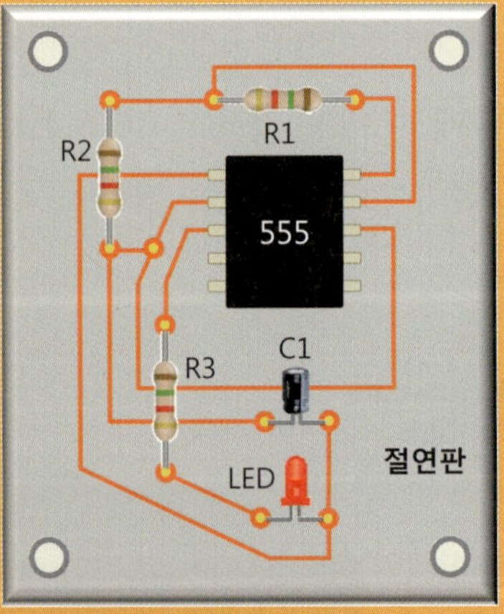

[그림 ❸] PCB로 구성하기

[그림 ❸]은 'LED 점멸회로'를 단면 PCB로 만들 때 설계되는 배선의 예[11]이다. 이는 절연판 위에 배선(황색)을 형성하고, 전자부품을 실장한 모습이다. 이와 같이, PCB에 전자부품을 실장하면, 독립적인 전자기기를 만들 수 있다. 이 점이 PCB를 사용하는 가장 큰 목적이다.

11) 실제로는 전문적인 CAD 프로그램을 이용하며, 그림보다 정교하게 설계된다.

셀프테스트
Self Test

chapter 01

1 PCB는 P(   ) C(   ) B(   )의 약자이다.

2 다음 중에서 PCB의 기능이 아닌 것은 무엇인가?

① 전자부품을 전기적으로 연결　② 전원 공급
③ 전자부품의 지지대　④ 데이터 저장

3 PCB의 배선폭을 줄여 배치 밀도를 높인 고성능의 PCB를 (   )라 한다.

4 다음 중에서 층수에 따른 PCB의 분류가 아닌 것은 무엇인가?

① 단면 PCB　② MLB
③ 양면 PCB　④ 리지드 PCB

5 전자부품과 기구(기계)부품을 설치하는데 유리한 PCB는 (리지드, 플렉시블) PCB이다.

6 플렉시블 PCB의 절연판 소재는 (   )이다.

7 다음 중에서 플렉시블 PCB의 장점이 아닌 것은 무엇인가?

① 무게가 가볍다　② 부품을 실장하기 쉽다
③ 굴곡성이 있다　④ 휴대용 전자기기의 소형화에 유리하다

8 다음 중에서 PCB가 발명된 시기는 언제인가?

① 1920년대　② 1930년대
③ 1940년대　④ 1950년대

9 PCB의 윗면은 (부품면, 납땜면)이라 하고, 아랫면은 (부품면, 납땜면)이라 한다.

10 전 세계를 기준으로, 가장 많이 생산되고 있는 PCB 제품의 종류는 무엇인가?

① Rigid 1~2층(단면 및 양면 PCB)　　② 4층 이상의 MLB

③ 플렉시블 PCB　　④ IC Substrates

Chapter

02

원자재 및 기초 제조기술

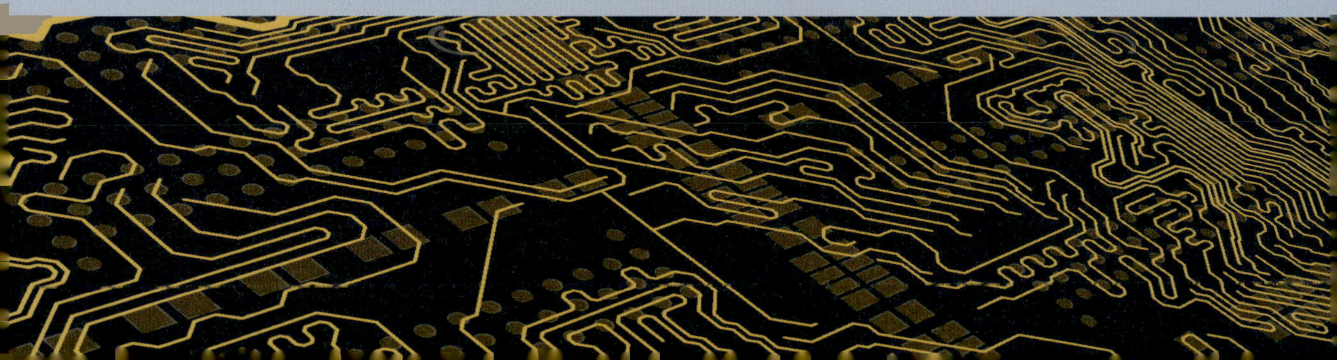

2.1 원자재

원자재는 제조공정이 완료되었을 때 PCB 제품의 일부가 되는 자재이다. 대표적인 원자재로는 동박(Copper Foil), CCL(Copper Clad Laminate), FCCL(Flexible CCL), 프리프레그(Prepreg), 동도금 약품 등이 있다. 한편 제조공정 중에는 사용되지만 제품의 일부가 되지 않는 보조적인 자재는 부자재라 한다. 부자재로는 드라이 필름(Dry Film), 아트워크 필름(Artwork Film), 고정용 핀. 알루미늄 호일, 드릴 비트(Bit) 등이 있다. 아래에서는 대표적인 원자재인 동박, CCL, FCCL, 프리프레그에 대해 알아본다.

2.1.1 동박

동박의 종류와 제조원리

동박은 종이처럼 얇게 만든 구리(Cu)를 말하며, 이를 절연판 위에 접착한 다음 가공하여 PCB의 배선을 만든다. 동박에는 전해동박(Electro Deposited Copper ; ED Copper)과 압연동박(Roll Annealed Copper ; RA Copper)이 있다.

전해동박은 PCB에 주로 사용되는 동박으로, 동 이온을 도금하여 만든다. [그림 2.1]은 전해동박의 제조 원리이다. 그림에서 '드럼'은 SUS(Steel Use Stainless)로 만든 것으로, (-)의 직류전압이 인가되어 있다. 또한 '애노드 바(Anode Bar)'는 도금을 위한 동의 공급원으로서 (+)의 직류전압이 인가되어 있다.

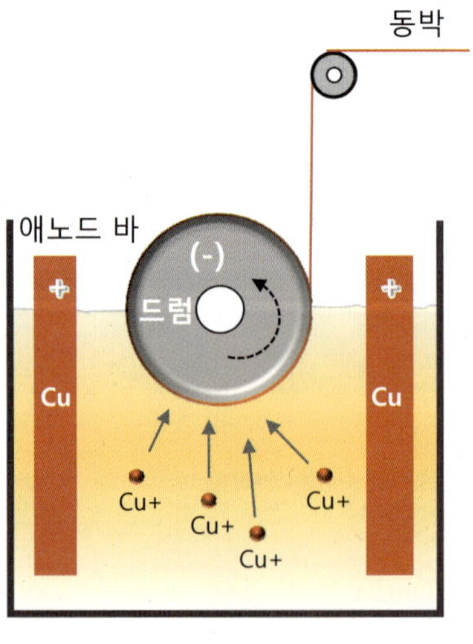

[그림 2.1] 전해동박의 제조 원리

애노드 바는 도금 용액 속에 담겨 있으며, 이로부터 동 이온(Cu+)이 용해되어 용액으로 공급된다. 동 이온은 (+)의 극성을 띠고 있으므로 (-)가 인가된 드럼으로 이동하여 동박 형태로 석출된다. 이때 드럼은 느린 속도로 회전하면서 동박을 말아낸다. 동박의 두께는 애노드 바와 드럼 사이를 흐르는 전류의 양이나 도금시간을 바꾸어 조절한다.

전해동박은 비교적 단순한 방법으로 만들므로 가격이 저렴하다. 또한 표면이 거칠어 다른 소재들과의 접착력이 높다는 장점도 있다. 반면에 기계적인 강도는 낮다.

[그림 2.2]는 압연동박의 제조 원리이다. 압연동박은 순도가 높은 동 주괴(Cu Ingot)[1)]를 전기로에서 녹인 다음, 열을 가하고 롤러로 압연하여 만든다. 이때 압연과 열처리를 수차례 반복하여 동박의 결정성과 기계적인 강도를 높인다. 압연동박은 결정성과 기계적 강도가 우수하므로 유연성이 필요한 플렉시블 PCB에 주로 사용된다.

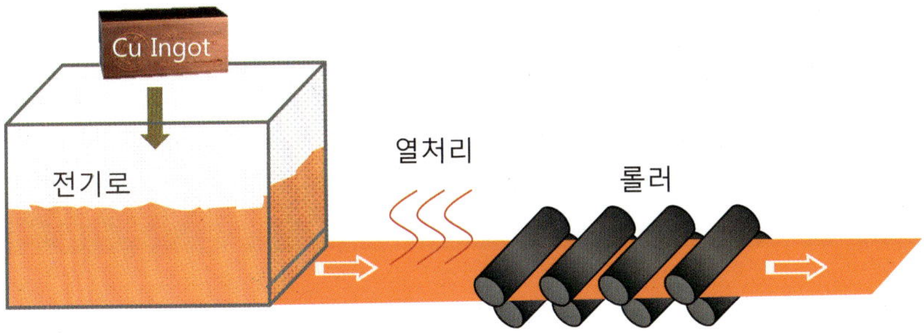

[그림 2.2] **압연동박의 제조 원리**

[그림 2.3]에 전해동박과 압연동박의 결정구조를 비교하였다. 전해동박은 수직방향의 결정구조(Vertical Grain Structure)를 가지고 있다. 이에 비하여 압연동박은 수평방향의 결정구조(Horizontal Grain Structure)를 가지고 있다. 결정성이 다른 이유는 제조 원리가 다르기 때문이며, 이러한 차이 때문에 압연동박의 기계적 강도가 더 우수하다.

1) 다시 녹일 목적으로 틀에 흘려 넣어 만든 구리 덩어리이다.

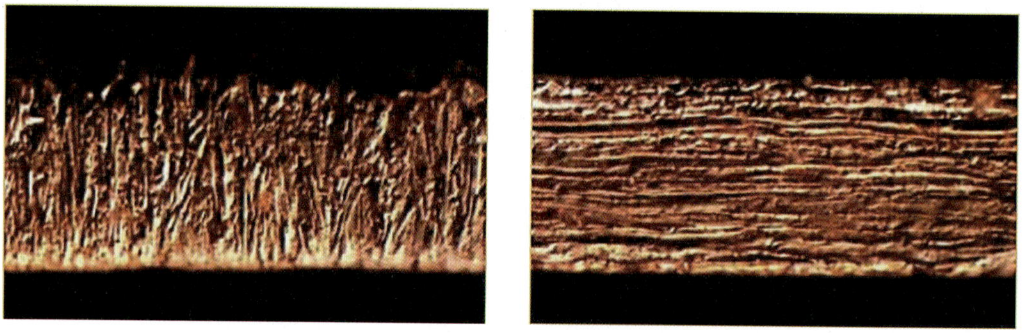

전해동박 압연동박

[그림 2.3] **전해동박과 압연동박 결정구조**

동박의 두께 표시 방법

PCB 제조에 사용되는 동박의 두께는 'OZ'로 표시한다. 원래 OZ(Ounce)는 질량의 난위로서 1 OZ = 28.35g이다. 동박 두께 1OZ는 다음과 같이 정의한다.

1 OZ의 무게의 동을 한 변이 1피트인 정사각형으로 만들 때의 두께

실제로 1 OZ의 동을 1피트[2)]의 정사각형으로 만들면, 그 두께는 35㎛가 된다. 즉, 1 OZ = 35㎛이다. [그림 2.4]는 동박 두께의 정의이다.

PCB 제조에 많이 사용되는 동박은 $\frac{1}{2}$OZ 즉, $\frac{35\mu m}{2} \cong 18\mu m$이다. $\frac{1}{2}$OZ는 'Half Oz'로 표시한다. PCB 배선의 미세화에 따라 동박의 두께도 감소하고 있으며, 5㎛, 9㎛, 12㎛ 두께의 극박(Ultra Thin) 동박도 많이 사용된다.

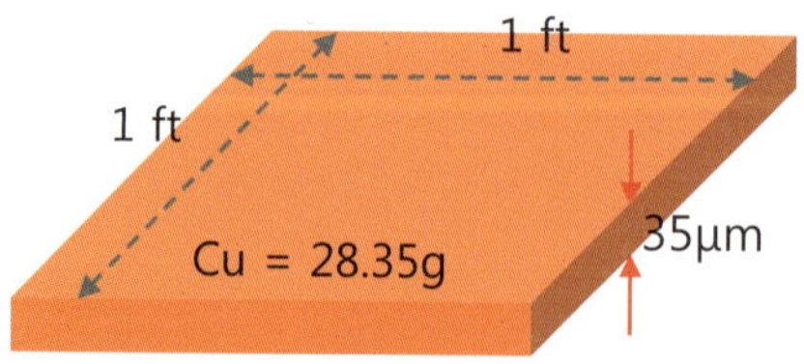

[그림 2.4] **동박 두께의 정의 방법**

2) 1 피트(Feet)는 30.48cm이다.

2.1.2 CCL

CCL(Copper Clad Laminate)은 절연판(절연층)에 동박을 입힌 얇은 적층판이다. 이는 PCB를 만드는 가장 중요한 원자재로, '동박적층판'이라고도 한다. CCL 제조업체에서는 1미터 내외의 크기를 갖는 제품[3)]을 생산하며, PCB 제조업체는 이를 적당한 크기로 잘라서 PCB를 제조한다.

PCB는 위에서 설명한 바와 같이 전자부품을 전기적으로 연결해 주고, 부품들을 고정시키는 지지대의 역할을 한다. 따라서 CCL은 일정수준 이상의 기계적 강도와 제조공정의 열에 견딜 수 있는 내열성이 있어야 한다.

구조

[그림 2.5]는 양면 PCB용 CCL의 구조이다. 가운데에 절연층이 있고, 그 양쪽에 동박이 붙어있다.[4)] 절연층의 소재는 에폭시 수지(Epoxy Resin)이다.[5)] 에폭시 수지는 절연 특성은 좋지만, 기계적인 강도가 불충분하고 온도에 의한 치수 변화가 크다는 결점이 있다. 이를 보완하기 위해 보강재가 사용된다.

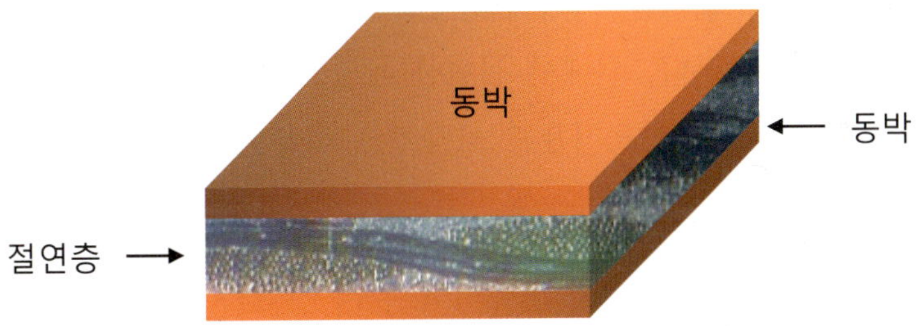

[그림 2.5] CCL의 구조

보강재로는 종이, 유리섬유(Glass Cloth) 및 유리부직포(Non Woven Glass Cloth) 등이 사용된다. 보강재를 사용함으로써 절연층의 강도가 증가하고, 치수 변화도 줄어든다. [그림 2.6]은 보강재의 모습이다. 종이와 유리부직포는 섬유를 얽히게 하여 만든 것이고, 유리섬유는 섬유를 규칙적으로 배열하여 만든 것이다.

---

3) 이를 원판이라 한다.
4) 단면 PCB용 CCL은 동박이 한쪽에만 붙어 있다.
5) 그 외에 페놀 수지(Phenol Resin)도 사용된다.

[그림 2.6] **보강재의 종류**

종이는 최초로 사용된 보강재로, 활엽수 등을 원료로 사용하여 만든 크래프트지(Craft Paper)가 주로 사용된다. 종이는 수지의 침투성이 좋고 가격이 저렴하며 펀칭(Punching) 가공성이 뛰어나다. 반면에 치수변화가 크고, 기계적인 강도는 약하다.

유리섬유 보강재는 직경 5~15㎛의 글라스 필라멘트(Glass Filament)[6]를 수백 가닥 꼬아서 만든 섬유를 직조한 것이다. 유리섬유 보강재는 종이에 비해 가격이 높고 취급하기 어렵지만, 내열성과 기계적인 강도 및 절연성이 종이보다 우수하다.

유리부직포는 유리섬유를 얽히게 하여 부직포 형태로 만든 보강재이다. 펀칭 및 드릴 가공성은 유리 섬유보다 좋지만, 기계적 강도와 내열성은 유리섬유보다 떨어진다. 다만 종이 보강재 보다는 우수하다. 위에서 설명한 보강재 이외에 유전률이 낮고, 내열성과 치수 안정성이 우수한 아라미드 섬유도 보강재로 사용된다.

종류

CCL은 NEMA[7]에서 정한 규격에 따라 종류를 나눈다. [표 2.1]은 NEMA 규격에 따른 CCL의 종류로, 절연층 소재와 보강재에 따라 FR1~FR5의 등급(Grade)이 정해져 있다.

---

6) 실리카(Silica)를 주성분으로 하는 광석 가공품이다.
7) NEMA(National Electrical Manufacturers Association), 미국의 전기 · 전자장비 및 의료영상장비 제조업체들이 설립한 전기 공업협회이다.

[표 2.1] CCL의 종류

NEMA 규격	보강재	절연층 소재	주요용도
FR1, FR2	종이	페놀	단면, 양면 PCB
FR3		에폭시	
FR4, FR5	유리섬유	에폭시	양면 및 MLB,
CEM1	종이+유리섬유	에폭시	전원기판, 튜너(Tuner)기판
CEM3	유리부직포+ 유리섬유	에폭시	양면 PCB

❶ FR1, FR2 및 FR3

[그림 2.7]은 FR1, FR2 및 FR3의 단면 구조이다. FR1과 FR2는 보강재는 종이이고, 절연층의 소재로 페놀 수지를 사용한 CCL이다. FR3는 보강재는 종이지만, 페놀 대신에 에폭시 수지를 사용한 CCL이다.

FR1, FR2 FR3

[그림 2.7] FR1, FR2 및 FR3의 단면 구조

FR1~FR3는 주로 단면 및 양면 PCB에 사용한다. FR3는 용도에 비해 가격이 높기 때문에 거의 사용하지 않는다. 황갈색이나 갈색을 띠는 PCB가 FR3로 만든 PCB이다.

❷ FR4, FR5

FR4는 보강재는 유리섬유이고, 절연층은 에폭시 수지인 CCL로, 양면 및 MLB 제조에 가장 많이 사용된다. FR5는 에폭시 수지의 Tg(Glass Transition Temperature, 유리전이 온도)[8]를 높여 내열성을 FR4 보다 향상시킨 제품이다. 최근에 FR4 대신에 고성능 PCB에 많이 사용되고 있다.

8) 수지가 유연해지는 온도이다. 열팽창 계수와 탄성률, 경도 등의 특성이 Tg를 경계로 크게 변하므로 Tg보다 낮은 온도에서 가공해야 한다. Tg는 고온에서 PCB의 신뢰성을 평가하는 중요한 지표이다.

FR4 및 FR5는 양면 PCB 및 MLB는 물론 단면 PCB용으로도 사용할 수 있다. 다만 생산 원가가 높아지므로 단면 PCB용으로는 사용하지 않는다. [그림 2.8]은 FR4 및 FR5의 단면 구조이다.

[그림 2.8] **FR4 및 FR5의 단면 구조**

❸ CEM1, CEM3

CEM1과 CEM3은 2종류의 보강재를 사용한 CCL로, '복합 동박적층판(Composite CCL)'이라고 한다. [그림 2.9]는 CEM1과 CEM3의 단면 구조이다. 동박과 접촉하는 부분은 특성이 좋은 유리섬유를 보강재로 사용하고, 그 안쪽은 종이 또는 유리부직포를 보강재로 사용하였다. 이렇게 하면 가격은 저렴하면서도 특성은 FR4와 비슷한 CCL을 만들 수 있다.

[그림 2.9] **CEM1, CEM3의 단면 구조**

CEM1과 CEM3는 절연층의 소재가 모두 에폭시 수지이다. 다만, CEM1은 보강재가 종이이고, CEM3는 유리부직포이다. CEM1은 전원이나 튜너(Tuner)와 같이 한정된 용도에 사용되고, CEM3는 주로 양면 PCB에 사용된다. CEM3는 유리섬유가 적게 들어 있어 기계적 강도는 FR4보다 약하다.

④ 기타

기판의 중간 또는 한쪽 면에 방열을 위한 금속층이 있는 메탈코어(Metal Core) CCL이 있다. 메탈코어 CCL은 방열 특성이 크게 향상되고, 치수 안정성과 기계적 강도 및 차폐 특성도 우수하다.

2.1.3 FCCL

FCCL(Flexible CCL)은 플렉시블 PCB를 위한 CCL이다. FCCL은 유연성을 얻기 위하여 페놀이나 에폭시 수지 대신에 폴리이미드(Polyimide) 필름을 절연층 소재로 사용한다.[9] [그림 2.10]은 폴리이미드 필름이다. 폴리이미드 필름은 두께가 동박과 비슷하고, 내열성과 유연성이 우수하다.

[그림 2.10] 폴리이미드 필름

구조와 특성

FCCL의 종류에는 동박과 폴리이미드 필름을 접착제[10]로 붙인 3층 FCCL과 접착제를 사용하지 않은 2층 FCCL이 있다. [그림 2.11]은 FCCL의 단면 구조이다. 3층 FCCL은 '동박-접착층-폴리이미드'의 3층 구조를 가지고 있다. 반면에 2층 FCCL은 '동박-폴리이미드'의 단순한 2층 구조를 가지고 있다.

9) 폴리에스테르(Polyester) 필름도 절연층의 소재로 사용된다. 가격이 싸지만, 유연성과 내열성이 떨어져 많이 사용하지 않는다.

10) 에폭시 또는 아크릴 계통의 열경화성 접착제가 주로 사용된다.

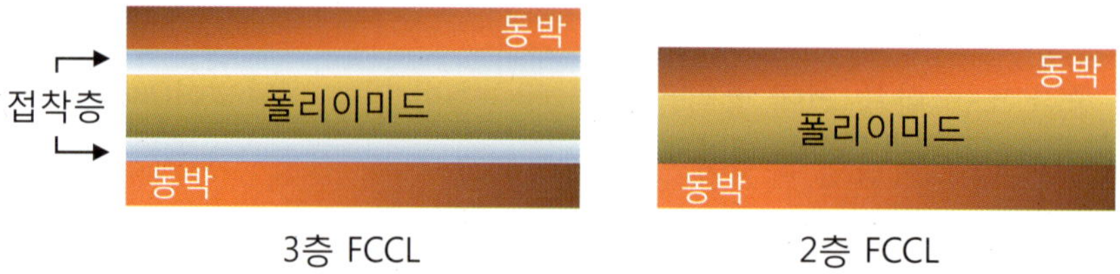

[그림 2.11] FCCL의 단면 구조

3층 FCCL은 접착층 때문에 내열성과 유연성이 떨어지고, 접착제의 휘발성분이 전자부품에 영향을 미치는 단점이 있다. 2층 FCCL은 접착층이 없어 3층 FCCL 보다 얇고 유연성도 우수하다. 또한 내열성, 유연성 및 치수 안정성도 우수하다. 이 때문에 최근에는 주로 2층 FCCL이 사용된다.

FCCL에 사용되는 동박은 대부분 압연동박이다. 이는 압연동박이 유연성과 기계적 강도가 우수하기 때문이다. 다만 높은 유연성과 기계적 강도가 필요하지 않은 경우에는 가격면에서 유리한 전해동박을 사용한다.

2층 FCCL의 제조방법

2층 FCCL의 제조방법에는 캐스팅(Casting)법, 스퍼터링(Sputtering)법, 라미네이션(Lamination)법이 있다. 2층 FCCL의 제조방법 중에서는 캐스팅법이 가장 많이 사용된다.

❶ 캐스팅법

폴리이미드 필름의 전구체(Precursor)[11]인 'Polyamic Acid'를 동박에 일정한 두께로 코팅하고, 열처리를 통해 건조 및 경화시켜 폴리이미드 층을 만드는 방법이다. 그러면, 접착제를 사용하지 않고 2층 FCCL을 만들 수 있다. 이 방법으로 만든 2층 FCCL은 동박과 폴리이미드 필름의 접착강도를 나타내는 박리강도(Peel Strength)가 가장 높고, 유연성과 치수 안정성이 우수하다.

❷ 스퍼터링법

폴리이미드 필름에 스퍼터링 법[12]으로 '니켈-크롬(Ni-Cr)'과 동을 차례로 증착한다. 이때 니켈-크롬은 동박의 접착력을 높이는 역할을 한다. 이어서 전기 동도금으로 원하는 두께의

11) 어떤 물질이 되기 전 단계의 물질로서, 화학처리를 하면 다른 물질로 바뀐다.
12) 진공의 챔버(Chamber)에 증착하려는 재료를 넣고 플라즈마로 증발시켜 기판에 증착하는 박막 형성법이다.

동박을 형성함으로써 2층 FCCL을 완성한다. 이 방법은 공정이 어렵고, 동박에 미세한 핀 홀(Pin Hole)이 발생하는 단점이 있다. 또한 니켈-크롬을 제거하기 어려워 많이 사용되지 않는다.

❸ 라미네이션법

폴리이미드 필름에 폴리이미드 계열의 접착제를 바른 후, 동박을 접착하여 2층 FCCL을 만드는 방법이다. 접착제를 사용하므로 3층 FCCL이라고 할 수 있으나 폴리이미드 계열의 접착제를 사용하므로 2층 FCCL로 분류한다. 동박의 박리강도가 캐스팅법보다 낮다.

2.1.4 프리프레그

[그림 2.12]는 프리프레그(Prepreg)이다. 이는 유리섬유를 에폭시 수지나 폴리이미드 수지와 같은 열경화성 수지에 담가서 반경화 상태[13]로 만든 종이 모양의 소재이다.

[그림 2.12] 프리프레그

프리프레그는 MLB를 제조할 때 각 배선 층을 접착해 주고, 동시에 전기적으로 절연한다. [그림 2.13]은 6층의 MLB로, 그림에서 6층의 동박을 확인할 수 있다. 그림에 '내층 CCL'로 표시한 부분은 제품화된 CCL을 사용한 부분이다. 프리프레그는 그림에 ❶과 ❷로 표시한 '외층(부품면 및 납땜면)'과 '내층 CCL' 사이에 삽입되어 있다.

13) 이를 B-Stage라 한다. B-Stage의 프리프레그에 열을 가하면, 식으면서 경화된다. 경화된 상태는 C-Stage라고 한다.

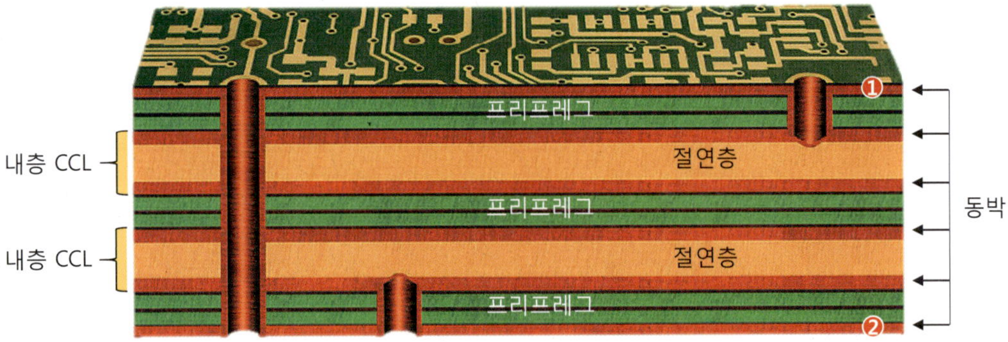

[그림 2.13] 6층의 MLB에 사용된 프리프레그

프리프레그는 레진 함량(Resin Content), 레진 흐름(Resin Flow), 경화시간(Gel Time)에 따라 종류를 구분한다. 레진 함량은 프리프레그에 포함된 수지의 함량으로, WT [%][14]로 표시한다. 레진 흐름은 프리프레그가 녹을 때의 흐름성을 [%]로 나타낸 것이다. 이는 MLB의 각 층을 접착하는 적층공정에서 성형성을 결정짓는 중요한 파라미터이다. 경화시간은 프리프레그를 'C-Stage'로 변화시키는데 필요한 시간이다.

2.2 기초 제조기술

PCB 제조기술은 전자기기의 경박단소화와 반도체의 미세 가공기술에 대응하여 발전하고 있다. 이에 따라 신뢰성이 높은 고밀도의 배선을 가공하기 위한 새로운 공정기술과 이를 뒷받침하는 제조 설비들이 개발되고 있다.

일반적인 PCB 제조기술은 물론, 최근의 새로운 공정기술을 이해하려면, 먼저 다음과 같은 기초적인 PCB 제조기술을 알아야 한다.

- 배선 가공
- 비아홀을 이용한 층간 접속
- 적층에 의한 다층화

14) 중량 퍼센트(Weight Percent)를 나타내며, 전체 중량 중에서 각 성분의 중량을 백분율로 표시한 것이다.

2.2.1 배선 가공

[그림 2.14]는 단면 PCB이다. 그림에서 황색으로 보이는 부분이 절연층이며, 이 절연층 위에 '배선'과 '패드(Pad)'가 가공되어 있다. 배선들은 서로 접속되지 않도록 교차 배치되어 있으며, 이와 같은 배선의 기하학적인 배치를 '배선 패턴'이라고 한다.

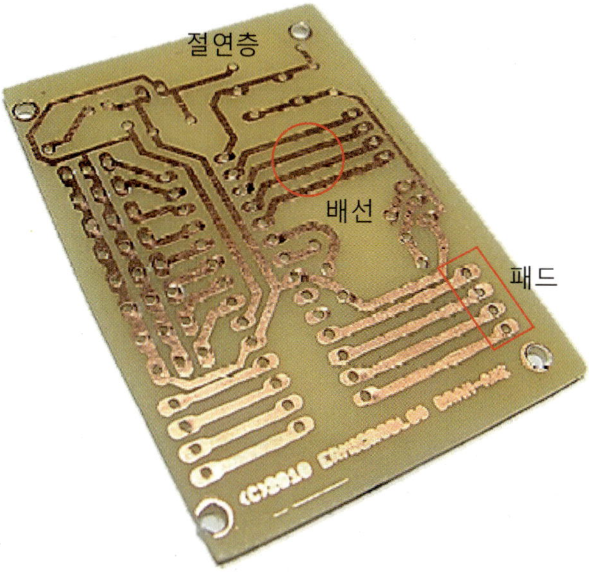

[그림 2.14] **배선 가공**

배선을 가공하려면, 배선과 패드를 남기고 다른 동박은 제거해야 한다. 이것이 '배선 가공'이다. 배선을 가공하는 가장 일반적인 방법은 부식(Etching)법이다. 부식법은 '부식액(Etchant)'으로 필요 없는 동박을 녹여서 제거하는 방법이다.

2.2.2 비아홀을 이용한 층간 접속

[그림 2.15]는 양면 PCB이다. 양면 PCB는 양면에 배선이 나뉘어 있으므로 이들을 연결해 주어야 한다. 이를 위해 부품면과 납땜면 간에 홀(Hole)을 가공하며, 이를 비아홀(Via Hole)이라고 한다. '비아홀'은 층을 관통하여 가공된 홀을 의미한다.

비아홀이 가공되는 부분은 절연층이므로 홀 내벽을 동으로 도금해야 양면의 배선들이 전기적으로 연결된다. 이것이 '비아홀을 이용한 층간 접속'이다.

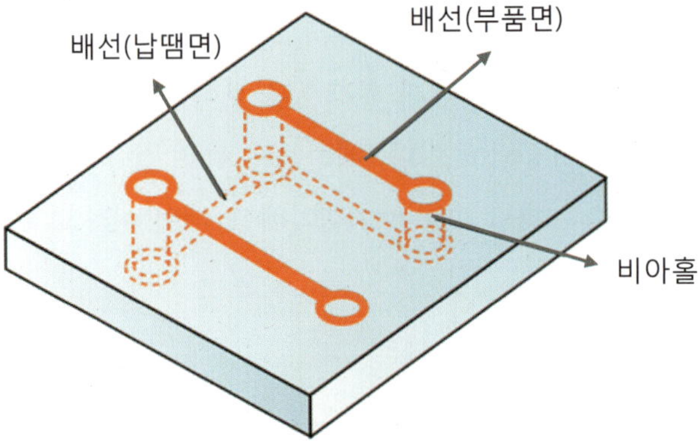

[그림 2.15] **비아홀을 이용한 양면 PCB의 층간 접속**

[그림 2.16]은 비아홀이 가공된 양면 PCB이다. 그림에서 ❶이 부품면이고, ❷는 납땜면이다. 이들을 연결하기 위하여 2개의 비아홀이 가공되어 있다. 비아홀은 드릴(Drill)로 가공한다.

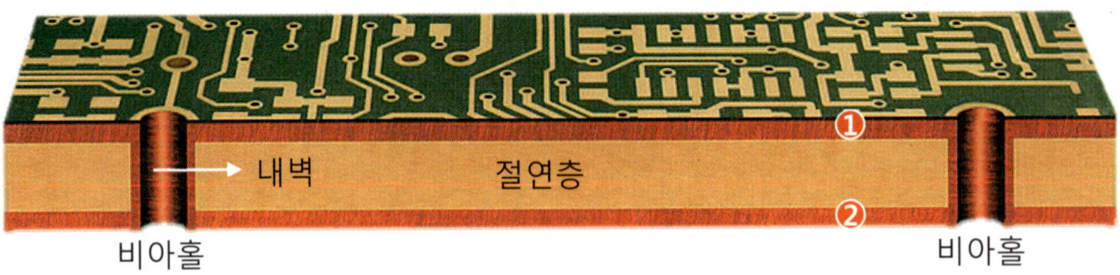

[그림 2.16] **비아홀이 가공된 양면 PCB**

[그림 2.16]에서 비아홀의 내벽은 부품면 및 납땜면과 동일한 색을 띠고 있으며, 이는 비아홀의 내벽을 동으로 도금하였기 때문이다. 비아홀은 기판을 관통하는 홀을 뚫고 그 내벽을 도금하였으므로 도금된 관통홀이라는 의미로 'PTH(Plated Through Hole)'라고 한다.

동 대신에 도전성 페이스트(Conductive Paste)를 홀 안에 채우는 방법도 사용된다. 도전성 페이스트는 금속 입자를 수지와 혼합한 것으로, 이를 비아홀에 채우고 열처리하여 경화시키면, 동과 비슷한 효과를 얻을 수 있다. 은 입자를 포함한 도전성 페이스트를 사용하여 가공한 비아홀을 STH(Silver Through Hole)라고 한다. 실제로는 은보다 가격이 저렴한 동 입자를 사용한 도전성 페이스트가 많이 사용된다. 이 방법은 동을 도금하는 방법 보다 신뢰성이 낮지만 제조공법이 간단하다.

[그림 2.17]은 3개의 내층을 가진 MLB(총 8층)이다. 이를 이용하여 비아홀을 통해 배선이 연결되는 원리를 살펴보자. 그림에서 'A점'은 '비아홀1'과 8층에 있는 배선을 통해 '비아홀2'로 연결된다. '비아홀2'는 5~8층에 걸쳐 형성되어 있으며, 6층의 배선을 통해 '비아홀3'으로 연결된다. '비아홀3'은 3~6층에 걸쳐 형성되어 있으며 3층에서 '비아홀4'와 연결된다. '비아홀4'는 1층의 'B점'과 연결되어 있다. 이렇게 하여 'A점'과 'B점'이 서로 연결된다.15)

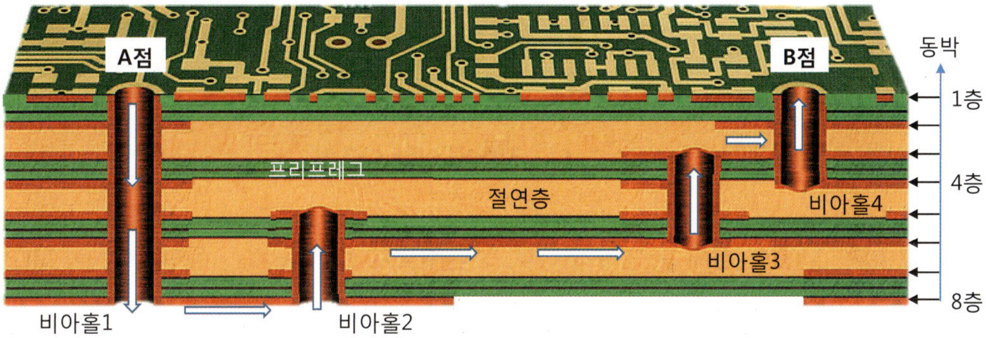

[그림 2.17] MLB에서의 비아홀을 이용한 층간 접속

비아홀을 이용하면 다른 층에 위치한 배선을 자유롭게 연결할 수 있고, 같은 층의 배선도 교차하지 않도록 설계할 수 있다. MLB는 배선을 연결할 층이 양면 PCB보다 많으므로 비아홀의 역할이 매우 중요하다.

2.2.3 적층에 의한 다층화

MLB를 만들려면 내층과 외층을 쌓은 다음, 열과 압력을 가하여 접착해야 한다. 이때 접착과 절연을 위해 층간에 프리프레그를 삽입한다. 이러한 작업을 '적층(Lay-up)'이라고 한다. MLB를 제조하려면, '배선 가공'과 '비아홀을 이용한 층간 접속'에 더하여 이 적층에 의한 다층화 기술이 필요하다.

[그림 2.18]은 적층할 때 내층과 외층을 쌓은 모습이다. 이는 1장의 내층을 포함한 4층의 MLB로서 1층과 2층 및 3층과 4층 사이에 각각 2장의 프리프레그가 삽입되었다. 그림에서 2층 및 3층은 내층이며, 내층의 동박은 외층과 다른 색으로 표시하였다. 그림과 같이 쌓은 상태에서 열과 압력을 가하여 적층한다.

---

15) [그림 2.17]은 원리를 설명하기 위해 여러 개의 비아홀을 통해 두 지점이 연결되는 예를 보인 것이다. 실제로는 1~2개의 비아홀을 이용하면 충분히 연결할 수 있다.

[그림 2.18] **적층에 의한 다층화**

[그림 2.19]는 MLB의 실제 단면 모습으로, 노란색으로 보이는 것이 동박이다. 이 MLB의 층수는 14층이며, 도금된 관통홀인 'PTH'가 가공되어 있다.

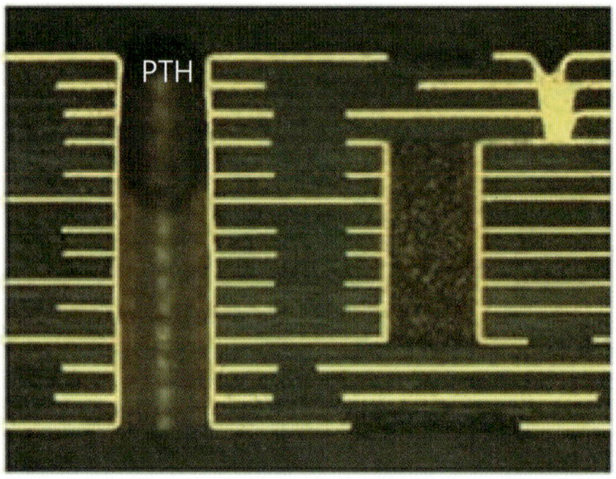

[그림 2.19] **14층 MLB의 단면 모습**

셀프테스트
Self Test

chapter 02

1 제조공정이 완료되었을 때 PCB의 일부가 되는 자재는 (원자재, 부자재)이다.

2 다음 중에서 부자재는 무엇인가?
① 동박 ② 드라이 필름
③ 프리프레그 ④ 동도금 약품

3 동 이온을 도금하여 만든 동박은 (압연동박, 전해동박)이다.

4 결정성과 기계적 강도가 높은 동박은 (압연동박, 전해동박)이다.

5 1OZ의 동박의 두께는 (12㎛, 15㎛, 18㎛, 35㎛)이다.

6 CCL은 C(　　　　　) C(　　　　　) L(　　　　　)의 약자이다.

7 다음 중에서 CCL의 절연층에 사용되는 보강재가 아닌 것은 무엇인가?
① 유리섬유 ② 에폭시 수지
③ 유리부직포 ④ 종이

8 다음 중에서 보강재가 유리섬유이고, 절연층 소재는 에폭시 수지인 CCL은 무엇인가?
① FR1 ② FR2 ③ FR4
④ CEM1 ⑤ CEM2

9 접착층을 가지고 있는 FCCL은 (3층, 2층) FCCL이다.

10 다음 중에서 FCCL의 제조방법이 아닌 것은 무엇인가?

① 캐스팅법　　② 프리프레그법

③ 스퍼터링법　　④ 라미네이션법

11 양면 PCB는 부품면과 납땜면의 배선을 연결하기 위해 (　　　　)을 가공한다.

12 다음 중에서 MLB를 만들기 위해 내층과 외층을 쌓은 다음, 열과 압력을 가하여 붙이는 공정은 무엇인가?

① 부식　　② 적층

③ 접착　　④ 층간 접속

Chapter

03

전자기기의 개발과 PCB

[그림 3.1]은 전자기기의 개발 과정으로, PCB에 초점을 맞추어 제품의 기획으로부터 조립까지 8단계로 나누었다. 전자기기 개발에서는 소비자를 충족시킬 수 있는 기능을 전자회로 및 PCB로 설계하고 구현하는 것이 중요하다. 또한 제품의 디자인 및 그에 따른 기구 설계도 기능에 못지않게 중요하다.

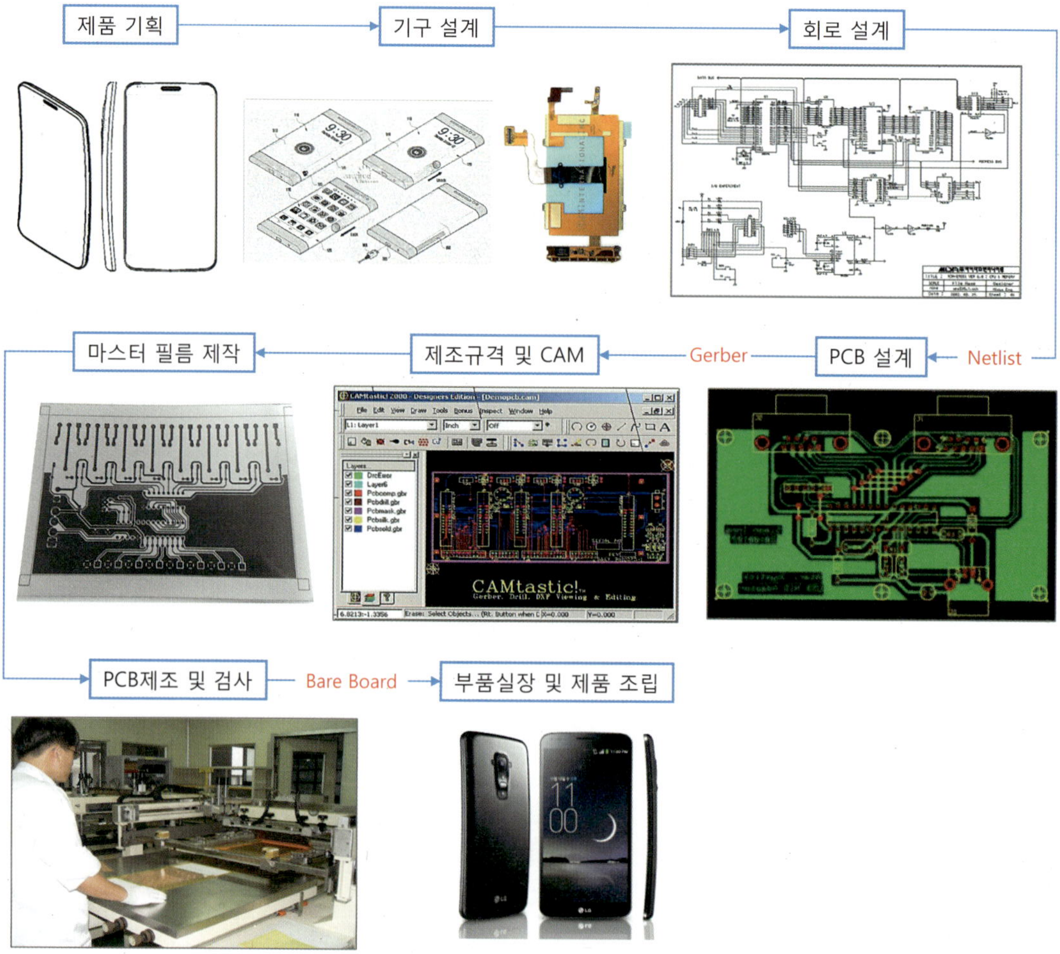

[그림 3.1] 전자기기의 개발 과정

3.1 제품 기획

제품 기획[1]은 어떤 기능을 갖는 제품(전자기기)을 어느 정도의 값(원가)으로 만들 것인지를 기획하는 것이다. 이를 위해 산업 및 기술 동향을 파악하고, 목표시장과 선행기술을 검토한다. 또한 내부역량을 평가하고 이를 바탕으로 경쟁 제품과의 차별화를 통한 제품화 전략을 세운다. 차별화 전략에서는 제품의 기능은 물론 디자인이 중요하다. [표 3.1]에 제품기획에 따른 검토 사항을 정리하였다.

[표 3.1] **제품기획에 따른 검토 사항**

세부 검토 사항	내 용
동향 분석	• 제품과 관련한 사회 · 문화적인 동향 분석 • 산업동향 및 기술동향 분석
제품의 수요 및 공급 검토	• 제품의 수요를 예측하기 위한 고객의 요구사항 분석 • 수요량 파악하기
목표시장 분석	• 제품이 목표로 하는 시장의 규모와 성장성 분석 • 시장 점유율 및 시장 진입장벽 분석
선행기술 검토	• 선행 기술과 특허 및 기술 표준 분석 • 관련 법규와 정책 검토하기
내부역량 평가	• 자사의 인적 자원 및 개발 능력 파악 • 물적 자원 역량 분석
제품화 전략	• 경쟁 제품 분석 및 그를 통한 차별화 요소 발굴 • 외관 및 디자인 구체화를 통한 제품 차별화
가격 검토	• 경쟁제품의 가격 분석 • 원가 및 수익성 검토
유통 및 홍보	• 제품의 유통 계획 세우기 • 홍보 매체 분석 및 홍보 계획 세우기
실행전략	• 개발일정 계획 및 인적 · 물적 자원의 배치 계획 • 예산 계획

1) 국가직무능력표준(National Competency Standards ; NCS)에서 규정한 산업용 전자기기의 직무정의 및 능력단위를 참고하였다.

3.2 기구 설계

기구 설계는 제품의 물리적 형상을 설계하는 것으로, 케이스를 디자인하고, 전자부품의 조립 방법, PCB의 크기와 형상을 결정한다. [그림 3.2]는 기구 설계의 예이다. 그림 (a)는 외부 케이스를 포함한 제품의 전체적인 케이스를 3차원으로 보인 것이고, 그림 (b)는 조립하여 완성한 제품이다.

(a) (b)

[그림 3.2] 기구 설계의 예

3.3 회로 설계

회로 설계는 기획을 마친 제품을 전자회로로 구현하는 작업이다. 회로 기능을 실현하기 위해 필요한 전자부품을 선정하고, 전자부품의 연결방법(배선)을 결정하여 회로도를 작성한다. 이때 회로 설계용 CAD 프로그램[2)]의 라이브러리(Library)에 등록된 전자부품을 이용한다. 회로도를 작성한 다음에는 시뮬레이션(Simulation) 프로그램으로 회로의 동작을 검증한다. 시뮬레이션 프로그램으로는 PSpice가 많이 사용된다. [그림 3.3]은 전자회로의 예로, PC용 카메라 회로의 일부이다.

2) 대표적인 회로 설계용 CAD 프로그램으로는 OrCAD Capture, PADS Logic 등이 있다.

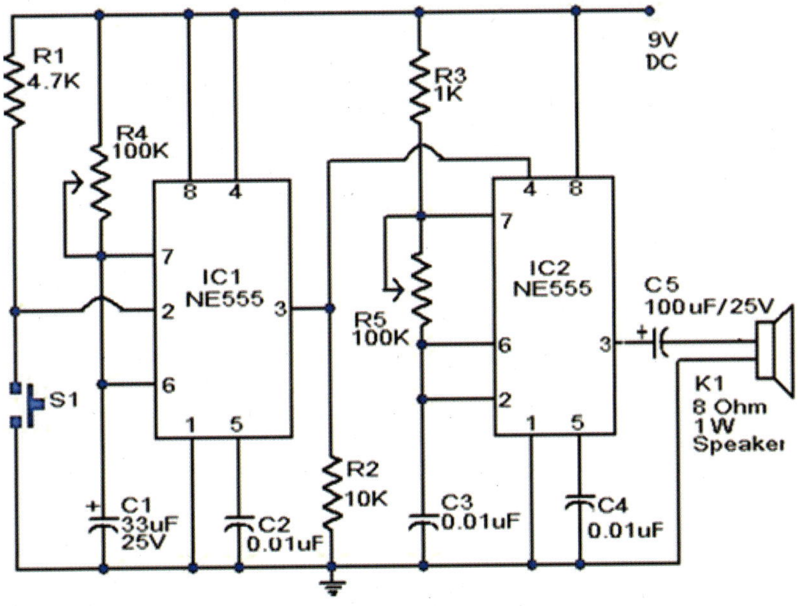

[그림 3.3] **회로도의 예**

회로도가 작성되면, 설계규칙 검사(DRC ; Design Rule Check)를 실시하여 연결이 잘못되거나 누락된 곳이 없는지 확인한다. 다음으로 회로의 연결 정보를 '네트리스트(Netlist)' 파일[3]로 저장한다. [그림 3.4]는 'OrCAD Capture' 프로그램의 'Create Netlist' 메뉴이다. 여기에서는 'OrCAD PCB Editor'에서 사용할 네트리스트 파일을 생성하고 있다.

3) '전자부품 A의 2번 핀과 3번 핀 연결'과 같이 표현된 회로의 연결 정보이다. 회로설계용 CAD 프로그램에서 생성하며, 이를 바탕으로 PCB를 설계한다.

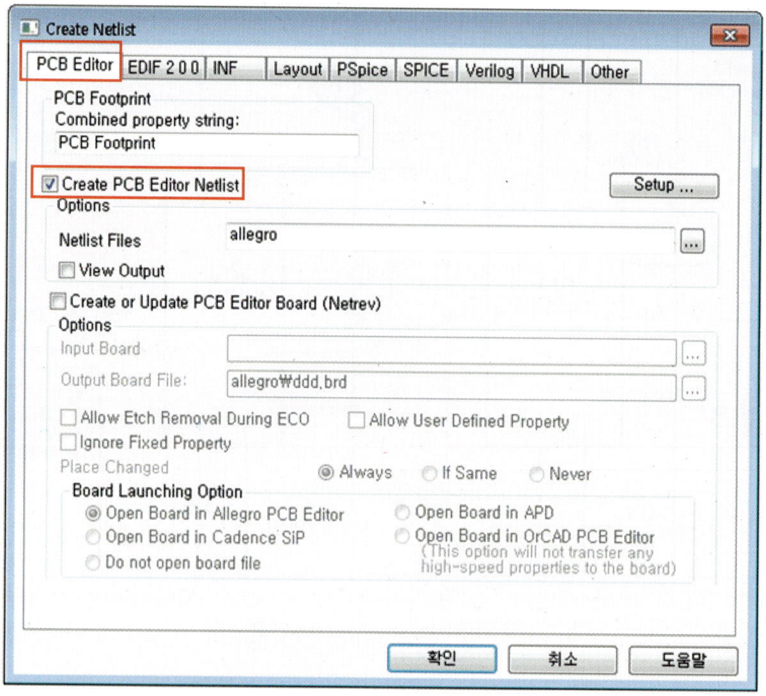

[그림 3.4] OrCAD의 네트리스트 파일 생성 메뉴

3.4 PCB 설계

PCB 설계는 회로도에 포함된 전자부품 간의 배선을 효율적으로 배치하는 작업이다. PCB 설계용 CAD 프로그램[4]을 사용하면, 보다 효율적이고 정확한 작업이 가능하다. PCB 설계를 다른 용어로 레이아웃(Layout) 또는 아트워크(Artwork)라 한다.

PCB는 기본적으로 교차하는 배선을 설계할 수 없다.[5] 이 때문에 평면 설계(2차원 설계)만이 가능한 단면 PCB는 배선이 길고 복잡해진다. 반면에 비아홀을 이용해 3차원 배선이 가능한 양면 PCB나 MLB는 효율적인 설계가 가능하다.

4) 대표적인 PCB 설계용 CAD 프로그램으로는 PADS Layout, OrCAD PCB Editor 등이 있다.
5) 배선이 교차하면 서로 연결되어 버린다.

3.4.1 설계시 고려할 사항

전자기기의 회로가 복잡해지고, 전자부품이 작아지면서 PCB 설계도 높은 수준의 기술과 숙련도를 필요로 하게 되었다. 같은 전자회로를 일정한 기준으로 설계하여도 작업자의 숙련도에 따라 배선 밀도와 효율성에 큰 차이가 생긴다. 나아가 전자부품이나 배선의 배치에 따라 예기치 못한 잡음(Noise)이 발생하여 전자기기가 잘못 동작하는 경우도 많다. PCB 설계는 단순히 선을 '연결'하는 작업이 아니며, 숙련된 실무기술이 필요하다. 고밀도·고기능의 PCB를 설계하기 위해서는 CAD 프로그램의 사용 능력은 물론 전자회로와 기기에 대한 폭넓은 지식과 높은 숙련도가 필요하다.

PCB 설계에서 중요한 것은 전자부품의 배치와 배선이다. 전자부품을 어느 곳에, 어떤 방향으로 배치하느냐에 따라 배선의 길이가 달라진다. 또한 PCB에 배선을 골고루 나누어 배치하는 것이 중요한데, 이것도 전자부품의 배치와 관련이 있다. 그러므로 PCB를 설계할 때 회로의 어디에 상호접속과 입출력 신호가 많은지를 고려해야 한다. PCB 설계 시 고려할 중요한 사항들은 다음과 같다.

- 결선의 정확성(회로도와 일치할 것)
- 배선폭과 전자부품 및 배선간의 간격 등 설계규칙(Design Rule)의 설정
- 절연층의 두께 및 PCB의 전체 두께(제품 조립 시 중요)
- 회로의 전기적인 연결 오류
- 설계 층수 및 각 층의 기능, 임피던스 값과 허용 범위
- 홀의 위치와 크기, 전자부품의 치수 및 높이 제한
- 제조공정에서 불량을 일으키기 쉬운 배선 패턴 및 전자부품 배치
- PCB의 외형 및 치수, 전자부품 배치 금지영역

3.4.2 설계규칙

설계규칙(Design Rule)은 표준화된 설계를 위해 배선폭, 간격, 랜드(Land)나 비아홀의 크기 등을 규정하여 놓은 것이다. 예를 들어 'Line & Space 100㎛'라는 설계규칙은 배선폭(Width) 및 배선 간의 간격(Spacing)을 100㎛ 이상으로 설계하라는 의미이다.

[그림 3.5]는 PCB 배선의 예이다. 각각의 배선에는 수치가 기입되어 있는데, 이것이 바로 설계규칙이다. 그림에서 ❶은 홀 주변에 만든 랜드(Land)이다.[6] ❷는 홀의 크기이고,

❸은 배선폭이다. ❹는 배선 간의 간격이고, ❺는 랜드-배선 간의 간격이다. ❻은 피치(Pitch)로서, 하나의 배선(여기서는 랜드)의 중심에서 인접한 배선의 중심까지의 거리이다.

설계규칙이 정해져 있어도 설계 단계에서 위반할 수도 있고, 제조공정에서의 가공 오차나 불량 때문에 설계규칙이 지켜지지 못하는 경우도 있다. 이러한 오류를 줄이기 위해 PCB 설계를 마치기 직전에 설계규칙을 확인한다. 완성된 PCB의 경우, 배선의 부분적인 결손이나 가늘어짐과 같은 설계규칙과의 사소한 차이는 허용된다. 설계규칙에 적용하는 수치를 작은 값으로 정하면, 배선 밀도를 높일 수 있으나 수율이 낮아져 오히려 원가가 상승할 염려가 있다. 따라서 제조공정의 작업성을 확보하고, 불량을 최소화하는 합리적인 수준으로 설계규칙을 정해야 한다.

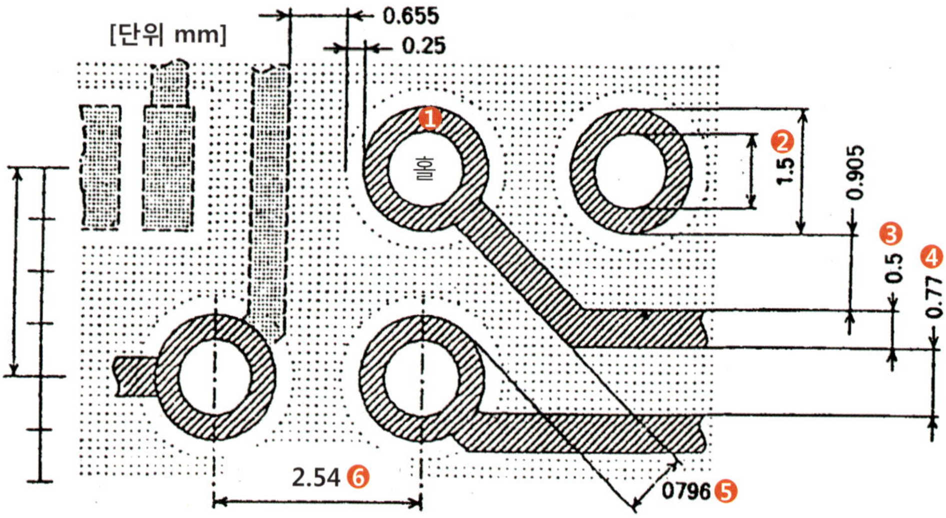

[그림 3.5] **설계규칙**

3.4.3 설계 과정

회로 설계를 통해 생성한 네트리스트 파일을 가지고 PCB를 설계한다. 이때 설계규칙을 지키는 것이 중요하다. PCB의 설계 과정은 다음과 같다.

---

6) 홀과 배선의 확실한 연결을 위해 홀 주변에 만들어 놓은 동박의 패턴이다. 랜드가 있으면 배선이 다소 어긋난 위치에 형성되어도 홀과 연결될 수 있다. 패드(Pad)라고도 한다.

(1) 네트리스트 파일 읽어 들이기
(2) PCB의 외형 그리기
(3) 부품 배치하기
(4) 배선 설계하기

네트리스트 파일 읽어 들이기

전자회로의 연결 정보를 담고 있는 네트리스트 파일을 읽어 들인다([그림 3.4] 참조)

PCB의 외형 그리기

PCB의 외형(Board Outline)을 치수와 모양에 맞추어 그린다. 이때, 부품이나 배선을 배치하지 못하는 금지영역을 설정하고, 기구 홀을 그린다. [그림 3.6]은 PCB 외형의 설계 예이다. PCB의 바깥쪽에 다양한 기구 홀이 삽입되어 있다.

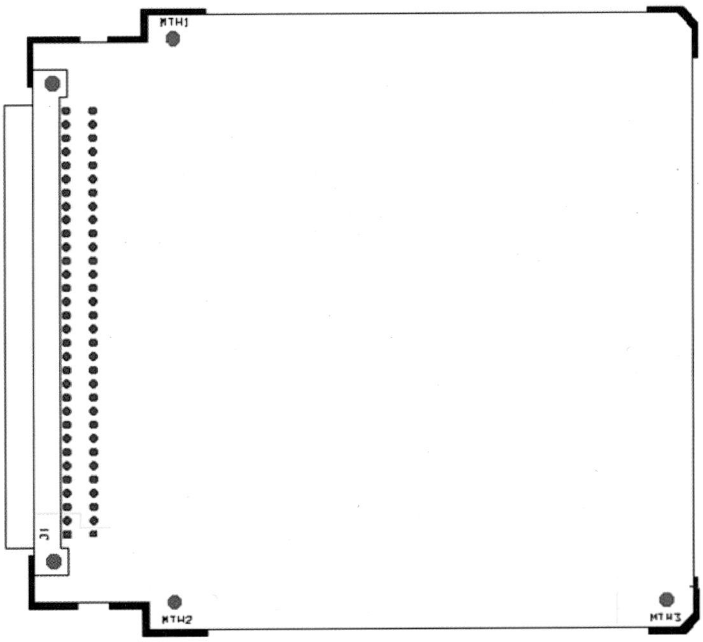

[그림 3.6] PCB 외형의 작성 예

▌부품 배치하기

PCB에 전자부품과 기구(기계) 부품들을 배치한다. [그림 3.7]은 앞에서 그린 PCB의 외형에 맞추어 부품을 배치한 모습이다. 모든 부품은 배선의 길이가 짧아지고, 균형적으로 분포하도록 위치와 방향을 정하여 배치한다.

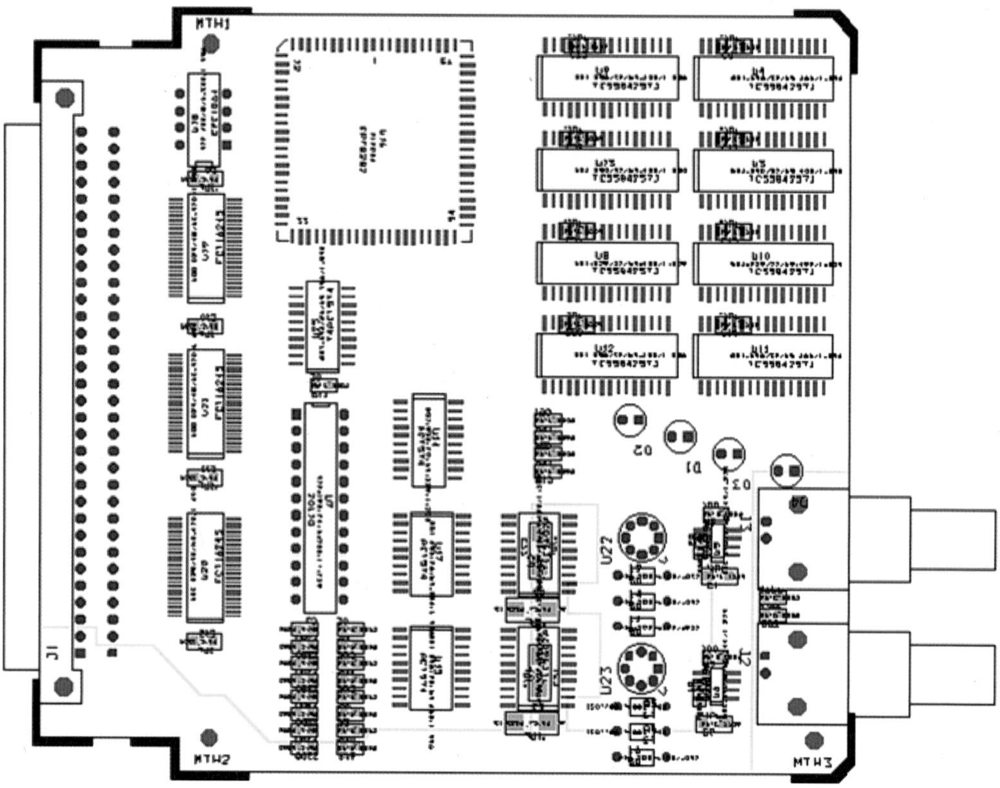

[그림 3.7] **부품의 배치**

[그림 3.7]은 부품만 표시되고, 배선은 표시되지 않도록 CAD 프로그램을 설정한 상태이다. 실제로 각 부품들은 배선으로 연결되어 있다. 이를 나타낸 것이 [그림 3.8]이며, 아직 적절히 배치되지 못한 배선들이 복잡하게 얽혀 있다. 이는 네트리스트의 연결 정보에 따라 배선이 단순하게 직선으로 표시되었기 때문이다.

▌배선 설계하기

[그림 3.8]과 같이 복잡하게 얽힌 배선들을 겹치거나 교차하지 않도록 배치한다. 이를 위해 각 배선들을 설계규칙에 맞게 이동 및 전개한다. [그림 3.9]는 배선 설계가 마무리된 모습이다. 배선들이 서로 겹치거나 교차하지 않으면서 여러 층에 나뉘어 배치되었다.[7] 이어서, PCB 제조에 필요한 형태로 설계 정보를 저장하며, 이것이 거버 파일(Gerber File)이다.

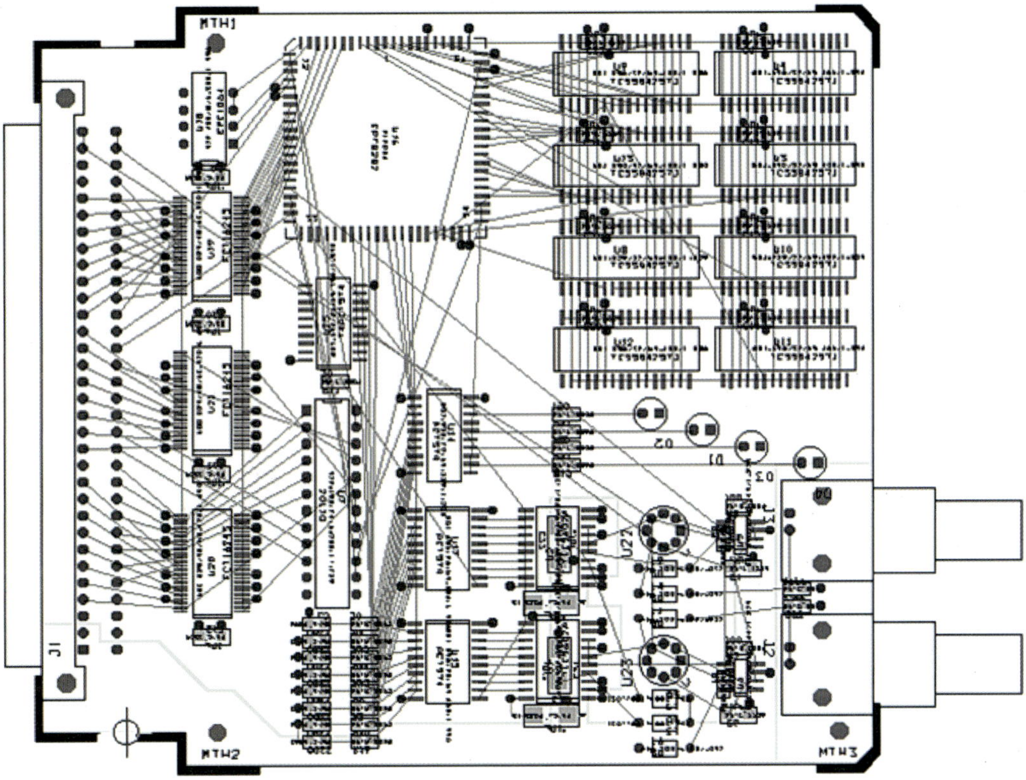

[그림 3.8] 부품의 배치(배선 표시)

7) [그림 3.9]는 여러 층에 나뉘어 배치된 배선들을 동시에 보여주고 있다. 이 때문에 그림에서는 배선들이 교차하거나 겹쳐 보인다.

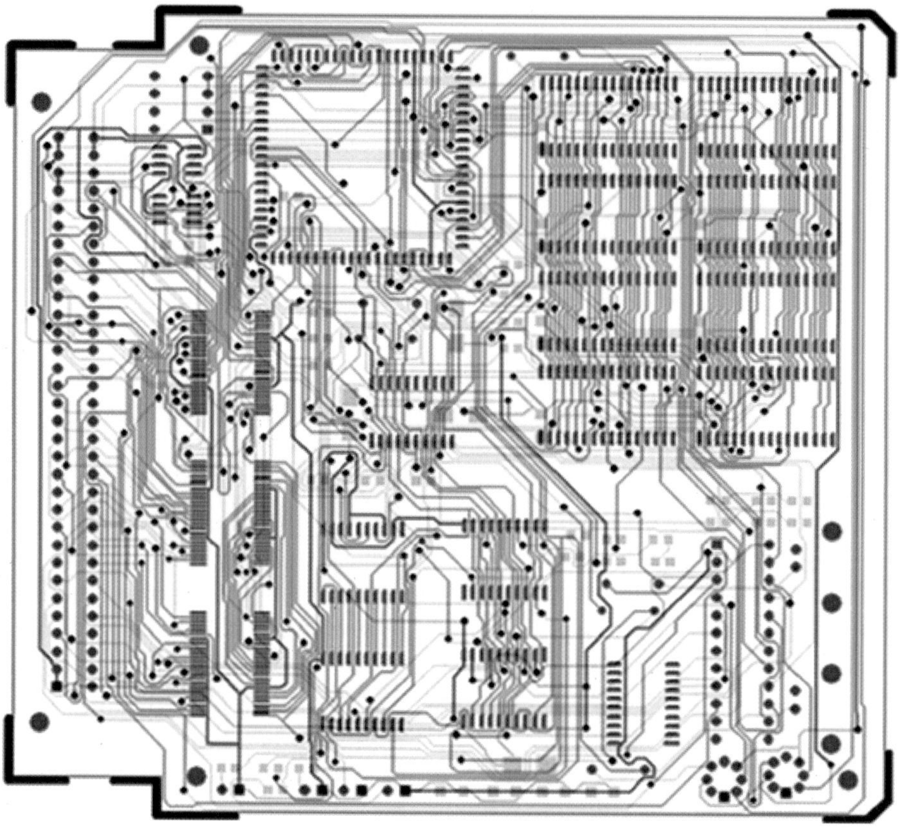

[그림 3.9] **배선의 설계**

3.5 제조규격 및 CAM

제조규격 및 CAM(Computer Aided Manufacturing)은 PCB 제조에 앞서 거버 파일과 원자재 및 제조공정을 종합적으로 점검하는 작업이다. 이를 통해 잘못된 설계로 인한 오류와 제조공정 중에 생기는 불량을 줄인다. [그림 3.10]은 제조규격 및 CAM의 작업 과정이다.

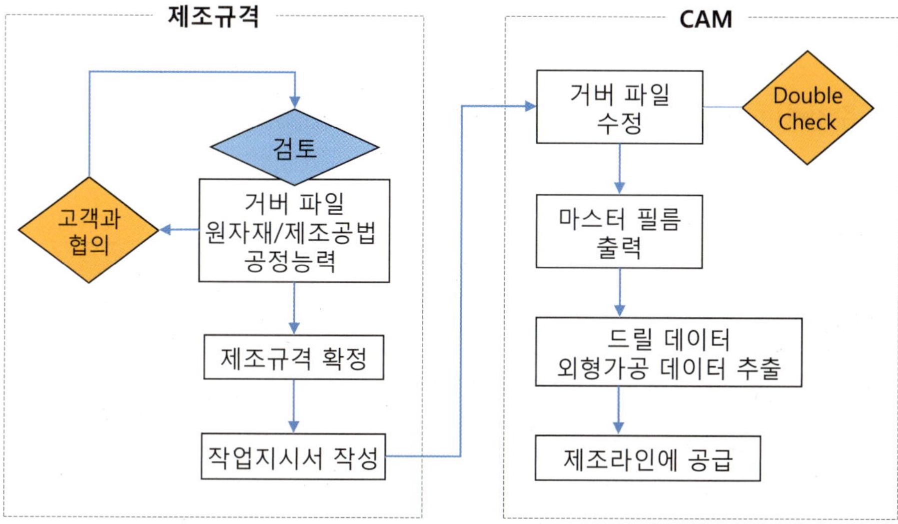

[그림 3.10] **제조규격 및 CAM의 작업 과정**

제조규격

제조규격 단계에서는 우선 거버 파일을 바탕으로 잘못 설계된 부분이 있는지 확인한다. 또한 고객이 지정한 원자재와 제조공정을 점검하여 불량이 발생할 가능성이 있는지 확인한다. 또한 제조라인의 공정능력으로 해당 PCB를 만들 수 있는지 확인한다. 이는 제조업체마다 장비의 특성과 기술력이 다르기 때문이다.

제조규격 단계의 점검에서 문제점이 발견되면, PCB를 주문한 고객과 협의하여 거버 파일을 수정하거나 원자재 및 제조공정을 바꾼다. 점검이 끝나면, '작업지시서'를 작성한다. 작업지시서에는 거버 파일 수정 사항, 원자재 및 제조공정 등을 확정하여 기록한다.

CAM

CAM 단계에서는 우선 작업지시서에 따라 거버 파일을 수정한다. 거버 파일은 CAM 프로그램[8)]으로 수정하고, 수정 사항을 재확인(Double Check)한다. 이는 CAM 단계에서 오류를 수정하지 못하면, 해당 PCB가 모두 불량품이 되기 때문이다.

[그림 3.11]은 CAM 단계의 수정 예이다. 그림에서 'A/R'은 'Annular Ring'을 말하며, 패드(Pad)와 주변 배선(Line) 간의 간격이 설계 규칙에 위반됨을 나타낸다. 'Line-Pad'가 표시된 수정 예는 'A/R'과 비슷하게 배선과 패드 간의 설계규칙이 위반된 경우이다. [그림 3.11]의 아래쪽에 보인 'Line-Line' 및 'Pad-Pad'로 표시한 수정 예는 각각 배선과 패드 간의

8) 대표적인 CAM 프로그램으로는 CAM350, Expert, Genesis 등이 있다.

설계규칙 위반을 나타낸다.

위와 같은 설계 규칙에 따른 간격 위반은 CAM 프로그램으로 배선과 패드의 위치를 변경하여 수정하며, 위치를 변경하기 어려운 경우에는 배선의 폭이나 패드의 크기를 조정하기도 한다.

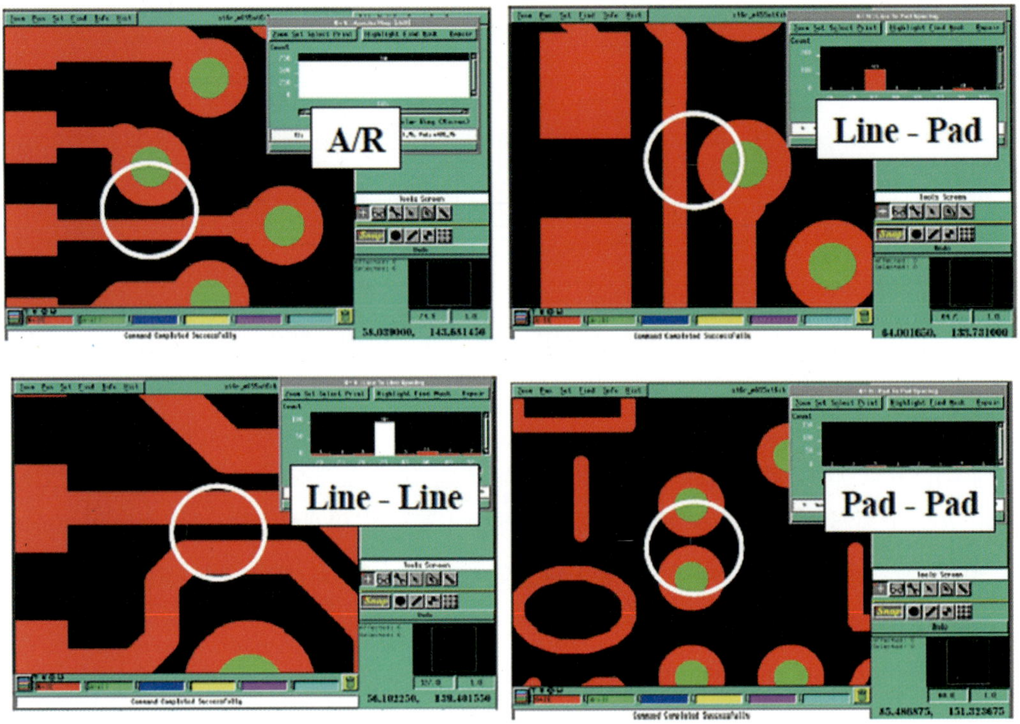

[그림 3.11] CAM 단계의 수정 예(1)

[그림 3.12]는 거버 파일을 수정하는 다른 예이다. 그림에서 'Neck Down'은 배선을 올바르게 연결하지 못하여 가늘어진 부분을 말한다. 이 부분은 배선을 형성할 때 부식액에 의해 단선이 발생할 수 있으므로 반드시 수정해야 한다. [그림 3.12]에서 'Peelable Sliver'는 패드의 인출선을 너무 급한 각도로 꺾어 설계한 경우로, 배선을 가공할 때 드라이 필름이 강하게 밀착되지 못하거나 꺾인 부위에 부식액이 침투하지 못하는 등의 불량이 발생할 수 있다.

[그림 3.12]에서 'Solder Resist Error'는 배선과 패드 간의 간격이 너무 가까워 이들 간의 빈 공간을 덮어 주는 솔더레지스트(Solder Resist)[9] 패턴을 형성할 때 불량이 발생할 염려가

9) 4.7절을 참조하라.

있으므로 수정한다. 또한 'Marking Error'는 부품 번호 등을 표시하는 심벌마크(Symbol Mark)가[10] 배선 패턴 위에 인쇄될 수 있으므로 수정한다.

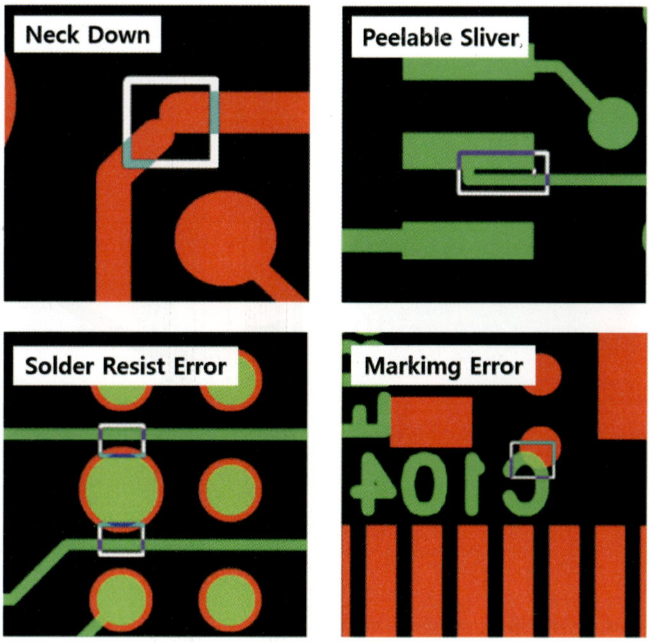

[그림 3.12] CAM 단계의 수정 예(2)

확인이 끝나면, 거버 파일을 출력하여 마스터 필름(Master Film)을 만들고, 이를 제조라인에 공급한다. 이와 함께 PCB 제조에 필요한 여러 가지 데이터[11]를 추출하여 제조라인에 공급한다.

3.6 마스터 필름 제작

거버 파일을 플로터(Plotter)로 출력해 마스터 필름을 만든다. 플로터에는 레이저 플로터(Laser Plotter)와 포토 플로터(Photo Plotter)가 있다. 포토 플로터는 LED(Light Emitting Diode)를 광원으로 사용하며, 해상도가 크게 향상되어 최근에 많이 사용되고 있다. [그림 3.13]은 포토 플로터의 예이다. 그림에는 마스터 필름을 출력하는 모습도 보였다.

10) 4.8절을 참조하라.
11) 드릴 데이터, 외형 가공 데이터, BBT 데이터 등이다.

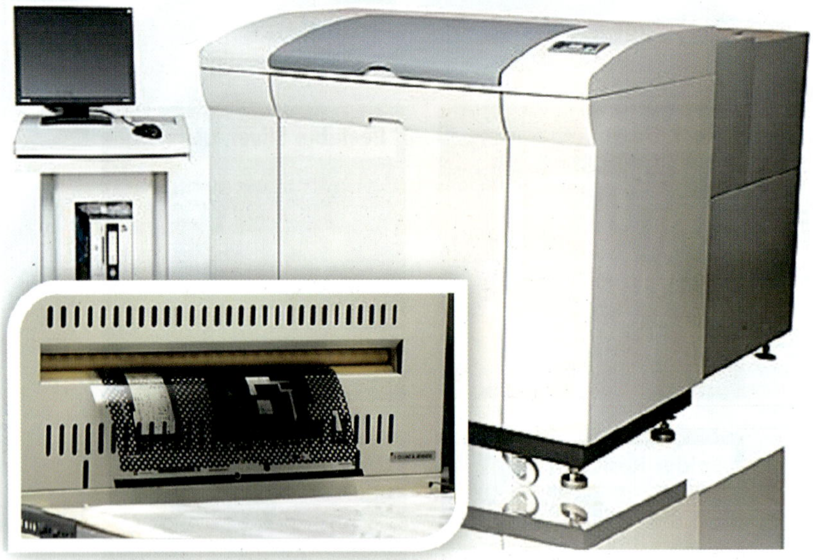

[그림 3.13] **포토 플로터**

마스터 필름을 제작할 때는 제조공정에서의 치수 변화를 감안하여 실제보다 패턴의 크기를 확대한다. 이를 'Scaling'이라고 한다. 예를 들면, 부식공정에서 배선폭이 가늘어지는 것에 대비해 배선폭을 넓히거나, 패턴 전체를 약간 확대하여 적층 시 기판이 줄어드는 것을 보정하는 것 등이다.

마스터 필름은 작업자가 눈으로 확인하거나 AOI(Automatic Optical Inspection)[12]를 이용해 검사한다. 문제가 없으면 보호용 필름인 'Neo Mask'를 코팅한다. 필름은 온도와 습도에 따라 치수가 많이 변하므로 사용 전에 XY 측정기로 치수 변화를 확인한다.

[그림 3.14]는 마스터 필름의 예이다. 그림에 'Film'으로 표시한 것이 마스터 필름이다. 'Printed Paper'는 거버 파일을 종이에 출력한 것이고, 'Copper Pattern'은 마스터 필름을 이용해 만든 PCB이다.

12) 각 PCB의 배선 패턴의 이미지를 스캔한 다음 컴퓨터에 저장된 원본 이미지와 비교하여 불량을 찾아내는 검사 방법이다.

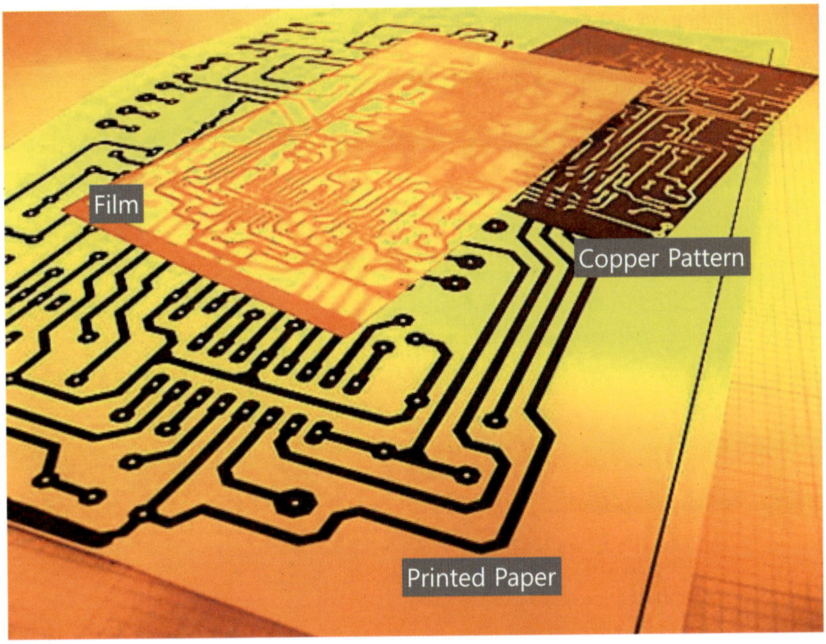

[그림 3.14] 마스터 필름

3.7 PCB 제조 및 검사

PCB의 제조는 설계 데이터를 바탕으로 전기신호가 흐르는 PCB를 만드는 작업이다.[13) PCB는 제조 과정은 물론, 제조를 마친 후에도 각종 검사를 실시하여 불량을 찾아내고 품질을 관리한다. 검사 방법으로는 외관검사, AOI, BBT(Bare Board Testing) 등이 있다.[14)]

3.8 부품실장 및 제품 조립

전자기기 생산업체(Set Maker)는 PCB에 전자부품을 실장하고, 기계부품과 기구를 조립하여 제품을 완성한다. 완성된 제품(전자기기)에 대해서도 물론 각종 검사를 실시한다.

13) PCB 제조공정은 4장부터 다룬다.
14) '4.12절'을 참조하라.

셀프테스트
Self Test

chapter 03

1 다음은 전자기기의 개발과정이다. 순서가 맞게 연결된 것은 무엇인가?
① 회로설계 → PCB 설계 → 제조규격 및 CAM
② PCB 설계 → 회로설계 → 제조규격 및 CAM
③ 회로설계 → 제조규격 및 CAM → PCB 설계
④ 제조규격 및 CAM → PCB 설계 → 회로설계

2 다음 중에서 회로의 연결정보를 가지고 있는 것은 무엇인가?
① DRC ② 네트리스트
③ 거버파일 ④ 라이브러리

3 다음 중에서 부품의 외형 정보와 전기적인 특성 정보를 가지고 있는 것은 무엇인가?
① DRC ② 네트리스트
③ 거버파일 ④ 라이브러리

4 다음 중에서 설계규칙을 나타내는 용어는 무엇인가?
① DRC ② 네트리스트
③ 거버파일 ④ 라이브러리

5 PCB는 기본적으로 교차하는 배선을 설계할 수 없다. (○, ×)

6 다음 중에서 PCB 설계 시 고려할 중요한 사항이 아닌 것은 무엇인가?
① 결선의 정확성 ② 절연층의 두께
③ PCB의 외형 및 치수 ④ 생산량 ⑤ 배선의 길이

7 하나의 배선의 중심에서 인접한 배선의 중심까지의 거리를 나타내는 용어는 무엇인가?
① 간격 ② 피치
③ 배선폭 ④ 랜드

8 다음은 PCB의 설계 과정이다. 이 중에서 가장 나중에 이루어지는 작업은 무엇인가?

① 네트리스트 파일 읽어 들이기 ② 배선 설계

③ 부품 배치 ④ PCB 외형 그리기

9 제조규격을 점검한 다음, 거버 파일의 수정 사항, 원자재 및 제조공법 등을 확정하여 기록한 문서를 무엇이라 하는가? (　　　　　　　)

10 거버파일은 (CAM, 제조규격) 단계에서 수정한다.

Chapter

04

단면 PCB의 제조공정

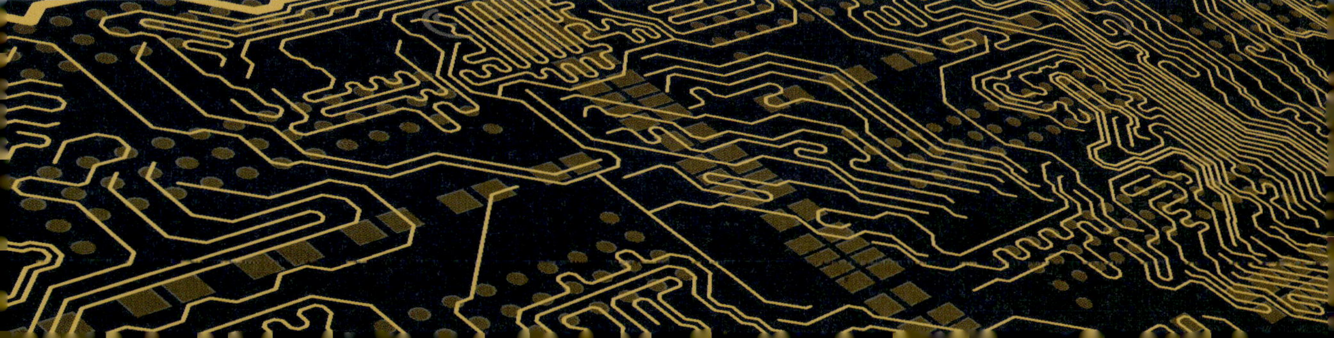

세상에서 처음으로 만들어진 PCB는 기판의 한쪽 면에만 배선이 있는 단면 PCB이며, 이것이 양면 PCB 및 MLB로 발전하였다. 그러므로 먼저 단면 PCB의 제조공정을 익히고, 이를 바탕으로 양면 PCB와 MLB의 제조공정을 익히는 것이 바람직하다.

[그림 4.1]은 단면 PCB의 단계별 제조공정이다. 4장에서는 이 그림에 보인 단계에 따라 단면 PCB의 제조공정을 설명한다. [그림 4.1]에서 각 단계에 표시한 숫자는 해당 공정을 설명한 절의 번호이다.

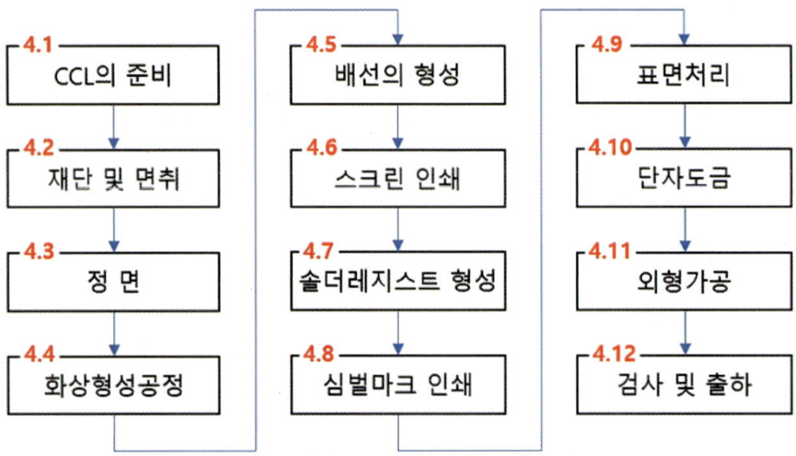

[그림 4.1] 단면 PCB의 제조공정

4.1 CCL의 준비

PCB를 제조하기 위해 단면 CCL을 준비한다.[1] 일반적으로 제조업체에서 생산하는 CCL (원판)의 크기는 1m 내외이다. 대표적인 CCL의 표준 치수는 다음과 같다.[2] 괄호 안에 표기된 것은 현장에서 사용하는 약자이다.

1) CCL의 구조와 종류는 '2.1.2 절'을 참조하라.
2) 실제로 공급되는 CCL은 표준보다 20mm 정도 크다. 그 이유는 절단이나 다듬기 과정에서 크기가 줄어들기 때문이다.

- Regular(R) : 900mm × 1,200mm
- America Regular(AR) : 950mm × 1,200mm
- Jumbo(J) : 1,000mm × 1,200mm
- America Jumbo(AJ) : 1,050mm × 1,200mm

4.2 재단 및 면취

PCB 설비들은 가공할 수 있는 치수에 한계가 있으므로 1m 내외의 CCL을 그대로 가공할 수는 없다. 이 때문에 CCL을 '재단'하여 작업이 가능한 크기로 자른다. 재단 후에는 절단면을 부드럽게 만드는 '면취'를 행하여 긁힘에 의한 불량을 방지한다.

4.2.1 재단

PCB 제조공정에서는 CCL을 1/2~1/6 크기로 재단(Shearing)하여 사용한다. 재단하여 잘라낸 조각을 '패널(Panel)'이라고 한다. [그림 4.2]에 패널의 예를 보였다. 하나의 패널 안에는 여러 개의 동일한 제품[3)]이 배열되며, 이들은 제조공정 후에 개별 PCB로 분리된다.

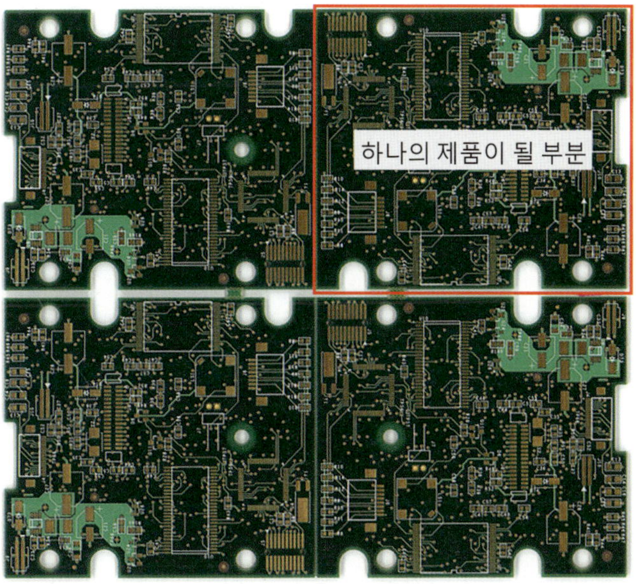

[그림 4.2] 패널

3) 제조공정이 동일하다면, 하나의 패널에 여러 제품을 배열할 수도 있다.

CCL 재단기에는 소잉(Sawing) 방식과 로터리(Rotary) 방식이 있다. 소잉 방식의 재단기는 CCL을 여러 장 겹쳐 놓고 커터(Cutter)로 한 번에 절단하며, 이 때문에 소음이 크고 절단 가루가 많이 생긴다. 로터리 방식의 재단기는 톱날이 부착된 롤러(Roller)를 상하로 조합하여 회전시키면서 CCL을 절단한다. 이때 롤러를 좌우로 움직여 패널의 폭을 쉽게 바꿀 수 있다. 로터리 방식의 재단기가 소음이나 절단 가루가 적고 사용이 편리하여 주로 사용된다. [그림 4.3]은 로터리 방식의 재단기이다.

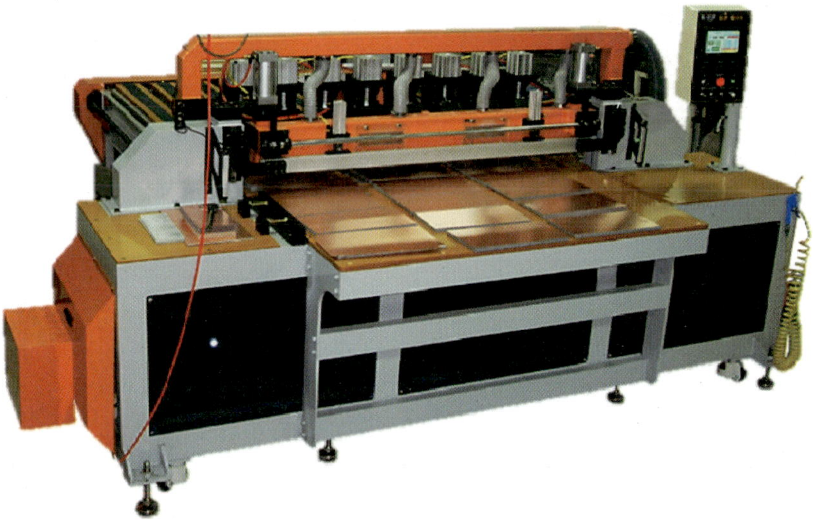

[그림 4.3] **로터리 방식의 재단기**

CCL 이외에 동박, 알루미늄 호일, 프리프레그, 백업보드(Backup Board)[4]와 같은 원자재와 부자재들도 사용할 크기에 맞추어 재단한다.

4.2.2 면취

재단기는 톱날을 사용하므로 패널의 모서리는 매우 거칠다. 이 상태로 PCB를 제조하면, 거친 모서리에 다른 PCB의 배선이 손상되거나 끊어지는 불량이 발생하기 쉽다. 이를 방지하기 위해 재단 후에는 반드시 면취(Bevelling)를 행한다.

PCB의 단자(Terminal)[5]를 다른 장치에 삽입하기 쉽게 칼날 모양으로 가공하는 작업도 면취라 한다. [그림 4.4]에 면취된 단자를 보였다. 그림에는 단자 이외에 'V-Cut'도 나타내었

4) 드릴 작업에서 패널의 아래쪽에 깔아 설비와 드릴 날(비트)을 보호한다.
5) PCB를 다른 PCB나 전자장치(기구)와 접속하기 위해 필요한 배선을 한곳에 모은 것이다.

다. V-Cut은 작업이 완료된 패널에서 개별 PCB를 쉽게 떼어낼 수 있도록 만든 V자 모양의 홈이다.

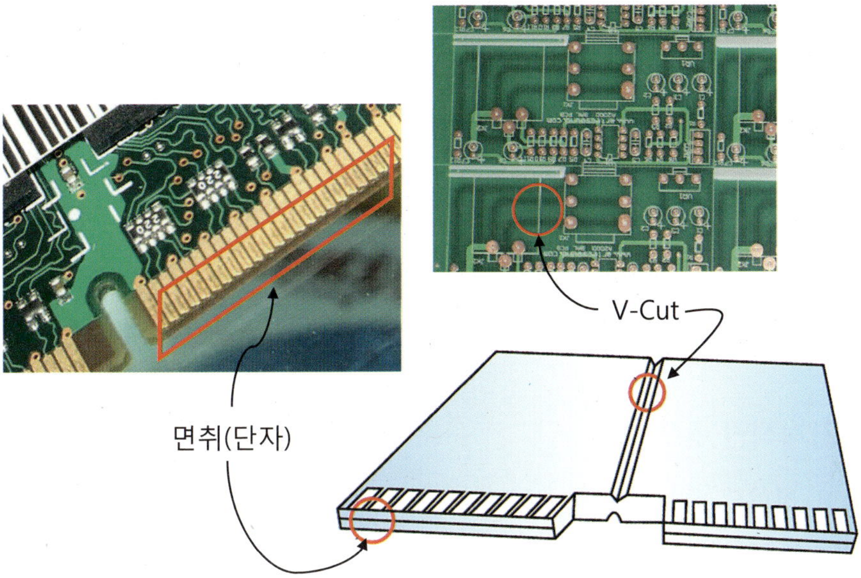

[그림 4.4] 면취 및 V-Cut 가공

4.3 정면

패널의 표면에 묻어 있는 지문이나 기름, 먼지 등은 배선의 일부가 형성되지 않는 핀홀(Pin Hole) 불량의 원인이 된다. 또한 도금 공정에서는 도금 피막의 두께가 달라지는 원인이 되기도 한다. 그러면, 도금 두께가 얇은 쪽은 '단선(Open) 불량'이 발생될 수 있다. 반대로 도금 두께가 두꺼운 쪽은 배선이 연결되는 '단락(Short) 불량'이 발생될 수 있다.

이러한 불량을 방지하려면 패널의 표면을 깨끗이 세정해야 하며, 이를 정면(Scrubbing)이라 한다. 정면을 하면, 표면이 깨끗해짐은 물론 동박에 거칠기(Roughness)가 만들어진다. 거칠기는 다음 공정인 화상형성공정에 사용되는 드라이 필름(Dry Film)의 밀착력을 높이는 역할도 한다. 정면을 위해 화학적인 방법, 기계적인 방법 및 이를 혼용한 방법이 사용된다. 한편 정면 후에는 기판에 남아 있는 각종 약품이나 연마제 등의 오염물질을 물로 세정한다. 이 작업을 수세라고 하며, 수세 후에는 건조를 실시한다.

4.3.1 화학적인 정면

화학적인 정면은 약품으로 패널의 표면을 세정하고 거칠기를 부여하는 방법이다. Soft Etching법과 화학 세정법이 있다. Soft Etching법은 과수(H_2O_2)와 황산(H_2SO_4)으로 이루어진 용액 또는 과황산나트륨($Na_2S_3O_8$)과 황산으로 이루어진 Soft Etching액을 이용한다. 과수+황산 Soft Etching액은 세정 효과는 좋지만 거칠기가 균일하지 못하다는 단점이 있다. 과황산나트륨+황산 Soft Etching액은 거칠기는 균일하지만 세정 효과가 오래 유지되지 못하는 단점이 있다.

화학 세정법은 '산 탈지(Acid Clean) → Soft Etching'의 순서로 패널의 표면을 정면한다. 이 방법은 Soft Etching법에 산 탈지 처리를 추가하여 정면의 효과를 높인 것이다.

4.3.2 기계적인 정면

기계적인 정면은 화학 약품을 사용하지 않고 정면하는 방법이다. 여기에는 브러시(Brush)법, 연마입자(Pumice)법, 제트 스크럽(Jet Scrub)법 등이 있다. 브러시법은 [그림 4.5]과 같은 브러시를 이용하여 패널의 표면을 세정하고, 거칠기를 만드는 방법이다.

[그림 4.5] 정면처리용 브러시

연마입자법은 [그림 4.6]과 같이 연마입자를 표면에 뿌리면서 나일론 재질의 브러시로 정면한다. 제트 스크럽법은 브러시를 사용하지 않고, 알루미늄 옥사이드(Al_2O_3)와 같은 연마입자를 고압으로 뿌려서 정면한다.

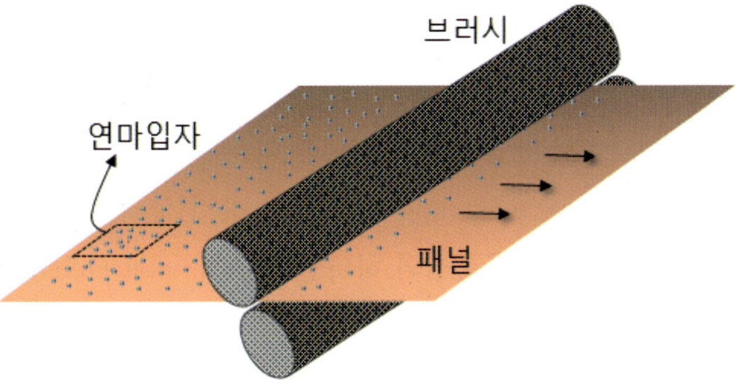

[그림 4.6] **연마입자법**

[표 4.1]에 기계적인 정면 방법에 따른 거칠기, 작업 정밀도 및 세정효과를 비교하였다. 표에서 '❶-❷-❸'은 특성이 우수한 순서이다. 거칠기 균일도는 제트 스크럽법이 가장 우수하고, 표면 세정효과는 연마입자법이 가장 우수함을 알 수 있다. 또한 작업 정밀도는 브러시법이 가장 우수하다.

[표 4.1] **기계적인 정면 방법 비교**

	브러시법	연마입자법	제트 스크럽법
거칠기 균일도	❸	❷	❶
작업 정밀도	❶	❷	❸
표면 세정효과	❸	❶	❷

4.3.3 혼용법

혼용법은 기계적인 방법과 화학적인 방법을 함께 사용하는 정면이다. 여기에는 브러시+Soft Etching법, Soft Etching+브러시법, 산 탈지+브러시법 등이 있다. 먼저 브러시+Soft Etching법은 브러시로 정면한 후, Soft Etching을 행하는 방법이다. 이 방법은 거칠기의 균일도를 높이면서 거칠기의 요철부를 부드럽게 만드는 효과를 얻을 수 있다. 다만 드라이 필름의 밀착력이 낮아지는 단점이 있다.

Soft Etching+브러시법은 Soft Etching으로 거칠기를 만들고, 브러시로 세정하는 방법이다. 산 탈지+브러시법은 산 탈지 처리로 산화물과 지문, 유지분 등을 제거하고, 브러시로 표면에 거칠기를 부여하는 방법이다. 이 방법이 현재 가장 많이 사용된다.

4.3.4 정면에 따른 동박 표면

[그림 4.7]은 전자현미경으로 촬영한 정면 방법에 따른 동박 표면이다. 정면 방법에 따라 동박 표면의 상태가 다르다. Soft Etching법의 경우, 세정 상태가 나쁘고 거칠기가 다른 방법들에 비해 균일하지 못하다. 혼용법의 하나인 브러시+Soft Etching법의 경우 표면이 매우 깨끗하고 거칠기도 균일하다. 이로부터 혼용법의 정면 효과가 우수함을 알 수 있다.

[그림 4.7] **정면처리 방법에 따른 동박 표면의 차이**

4.3.5 정면기

정면기는 일반적으로 정면 처리부와 수세 및 건조부로 구성된다. [그림 4.8]은 정면과 수세 및 건조를 일괄로 처리하는 정면기이다. 이 정면기는 정면 처리부와 수세부 및 건조부로 구성되어 있으며, 작업할 패널의 두께를 감지하여 자동으로 작업한다.

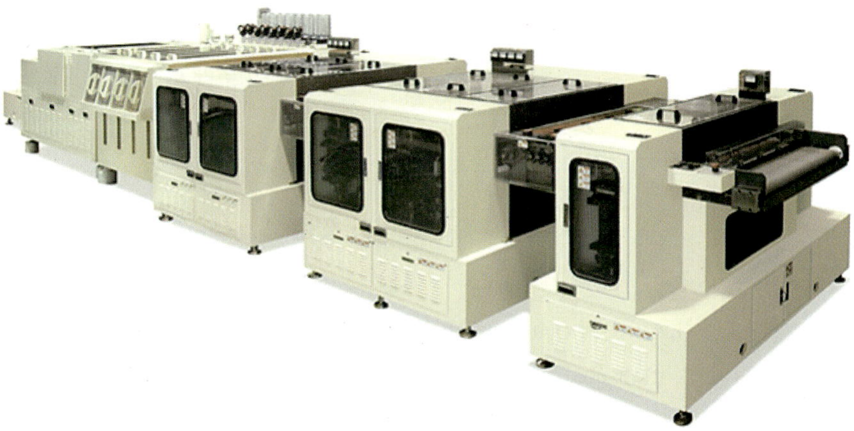

[그림 4.8] 일괄 처리가 가능한 정면기

정면에 영향을 미치는 중요한 요소는 브러시의 압력(기판과의 밀착도), 브러시의 종류와 형태 및 컨베이어(Conveyor)의 속도, 약품의 농도 등이다.

4.4 화상형성공정

PCB를 제조하려면, 컴퓨터로 설계한 배선 패턴을 패널로 옮겨야 한다. 이 책에서는 이 공정을 '화상형성공정(Image Process)'으로 표현한다. 화상형성공정은 감광층의 형성 → 노광 → 현상의 순서로 진행된다.

4.4.1 감광재

감광재는 빛에 감응하는 소재로, 이를 이용해 감광층을 형성한다. 감광재에는 건식형(Dry Type)과 액상형(Liquid Type)이 있다. 건식형 감광재는 드라이 필름(Dry Film)[6]이며, 가장 많이 사용되는 감광재이다. D/F는 [그림 4.9]와 같이 포토레지스트(감광재)와 마일러(Mylar) 필름 및 커버(Cover) 필름으로 이루어져 있다.

6) 이하에서는 간단히 D/F로 표기한다.

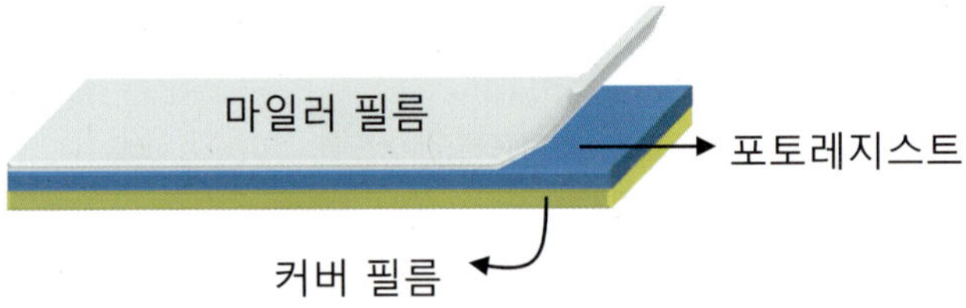

[그림 4.9] **드라이 필름**

액상 감광재는 LPR(Liquid Photo Resist)이라고 하며, UV(Ultra Violet ; 자외선)에 의해 감광되는 액체 상태의 감광재이다. 액상 감광재를 패널에 코팅(Coating)하고 건조시켜 사용한다. 액상 감광재는 D/F보다 얇은 감광층을 만들 수 있으므로 미세한 배선을 가공할 때 유리하다. 또한 표면에 요철이 있을 경우, 균일한 표면을 만드는 특성도 우수하다. 반면에 먼지와 같은 오염에 약하고, 작업이 어려우며, 균일하게 코팅하기 어려운 단점도 있다.

4.4.2 감광층의 형성

D/F 밀착

패널에 D/F를 밀착하여 감광층을 형성한다. [그림 4.10]은 D/F를 밀착하는 모습으로, 커버 필름을 벗겨내면서 포토레지스트를 패널에 붙인다. 이때 패널과의 밀착성을 높이기 위해 가열된 롤러로 압착한다. 마일러 필름은 포토레지스트를 보호하기 위해 남겨 놓았다가 노광할 때 벗겨낸다. [그림 4.10]에는 정면을 통해 패널 표면(동박)에 만들어 놓은 거칠기를 표시하였다. 거칠기는 D/F의 밀착력을 높여준다.

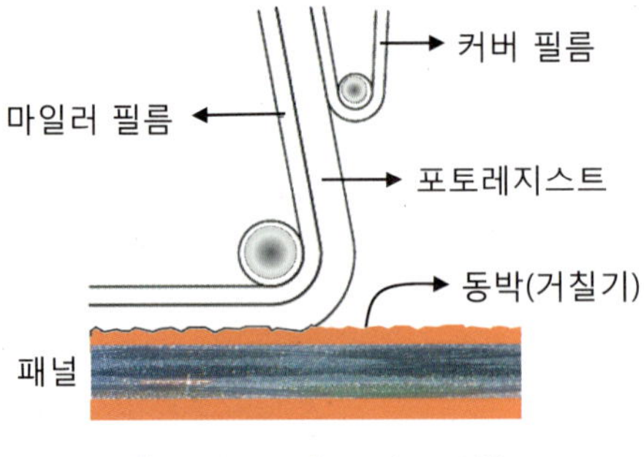

[그림 4.10] **D/F 밀착**

D/F를 밀착할 때는 먼지와 같은 이물질이 오염되는 것을 철저히 막아야 한다. 압착용 롤러는 110±10℃ 정도로, 패널은 50℃~70℃ 정도로 각각 가열한다. D/F의 밀착 품질에 영향을 미치는 요소는 롤러의 온도, 압착 속도, 패널의 온도 등이다.

[그림 4.11]은 D/F 라미네이터(Laminator)이다. 이 장치는 패널과 압착용 롤러를 가열한 다음, 롤(Roll) 형태로 공급된 D/F를 패널에 풀어내면서 롤러로 눌러 압착한다.

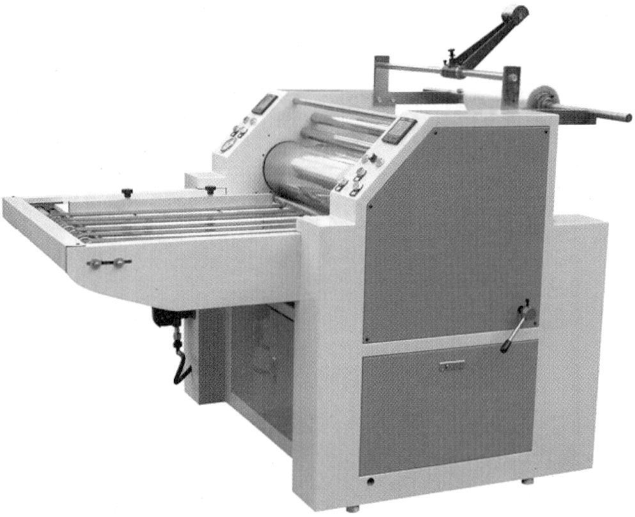

[그림 4.11] D/F 라미네이터

액상 감광재 코팅

액상 감광제는 스크린 코팅, 딥(Dip) 코팅, 롤 코팅, ED(Electro Deposition) 코팅 등의 방법으로 코팅한다. 스크린 코팅은 스크린 인쇄[7]로 액상 감광재를 코팅하는 방법이고, 딥 코팅은 패널을 액상 감광재에 담가서 코팅하는 방법이다. 롤 코팅은 회전하는 롤러를 이용하여 코팅하는 방법이고, ED 코팅은 이온화되어 있는 액상 감광재를 전기도금 방식으로 코팅하는 방법이다. 액상 감광재는 코팅 후 그대로 사용할 수 없으며 반드시 건조해야 한다. 이를 '경화'라 하며, 이렇게 함으로써 감광층이 형성된다.

7) '4.6절'을 참조하라.

4.4.3 노광

노광(Exposure)은 감광층을 빛에 노출시키는 공정이다. 이때 패널의 위쪽에는 마스터 필름을 밀착시켜 둔다. [그림 4.12]는 마스터 필름의 예로, 배선과 각종 홀 및 패드가 설계되어 있다. 마스터 필름을 밀착한 패널을 노광하면, 패턴이 있는 부분은 빛이 투과하지 못하고, 패턴이 없는 부분으로 빛이 투과하여 감광층이 노광된다, 노광된 감광층은 화학반응[8]에 의해 경화된다.

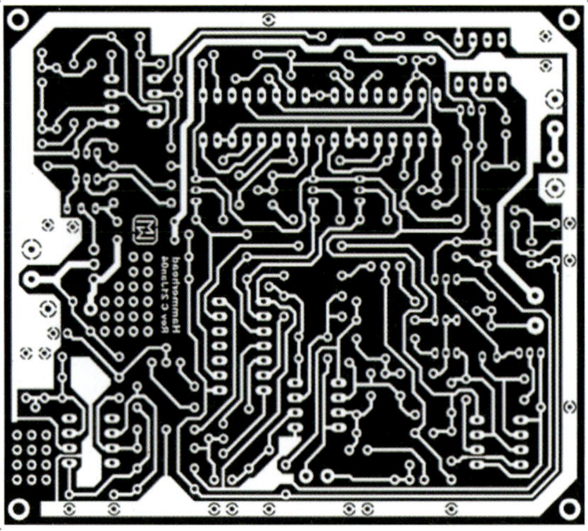

[그림 4.12] **마스터 필름**

[그림 4.13]은 노광할 때, 패널의 단면 모습이다. 마스터 필름의 검은 부분의 아래쪽에 있는 감광층은 노광되지 않고, 그 외의 부분이 자외선에 노출되면서 노광된다.

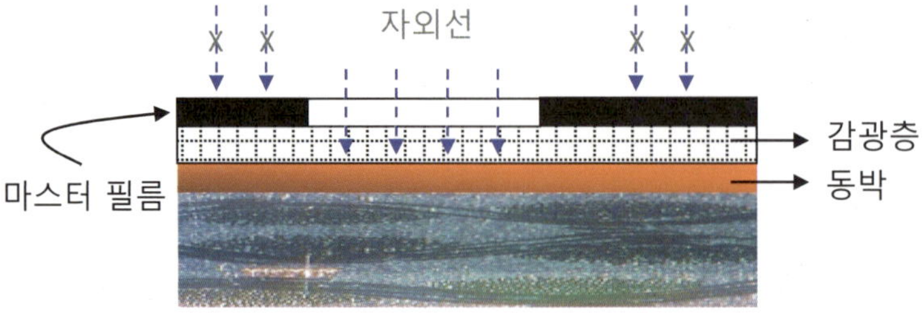

[그림 4.13] **노광**

8) 이를 중합반응이라 한다.

노광에 영향을 미치는 중요한 요소는 노광량, 마스터 필름과 패널의 밀착도, 노광 균일도, 노광 시간, 자외선 램프의 성능 등이다.

4.4.4 현상

현상(Development)은 노광되지 않은 감광층을 녹여 제거하는 작업이다. 이를 위해 마스터 필름을 떼어낸 다음, 패널을 현상액에 담그거나 뿌려준다. 현상액으로는 1[%]로 희석한 탄산나트륨(Na_2CO_3) 용액이나 탄산칼륨(K_2CO_3) 용액을 사용한다. 현상을 마치면, 배선 패턴이 패널에 나타난다. [그림 4.14]는 현상할 때 패널의 단면 모습으로, 노광되지 않은 감광층이 녹고 있다.

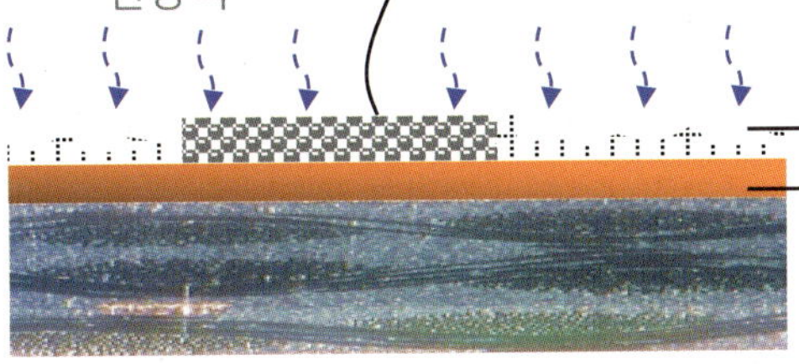

[그림 4.14] **현상**

현상에 영향을 미치는 중요한 요소는 현상액의 농도, 현상액의 온도, 소포제의 종류, 수세 압력과 온도, 현상 및 수세 시간, 건조 온도 등이다.

4.4.5 포지티브와 네거티브

[그림 4.13]과 [그림 4.14]를 비교해 보자. [그림 4.13]의 마스터 필름에서 패턴이 없는 부분이 [그림 4.14]에서는 '경화된 부분'이 되어 패턴이 형성되었다. 이는 마스터 필름과 감광층 패턴의 음영이 서로 반대임을 의미한다. 그 이유는 마스터 필름에 패턴이 있던 부분의 감광층은 제거되고, 패턴이 없던 부분이 남았기 때문이다. 이와 같이 패턴이 반대로 형성되는 감광재를 '네거티브 포토레지스트(Negative Photoresist)'라 한다.[9] 따라서 네거티브 포토레지스트를 사용하려면, 마스터 필름의 음영을 설계와는 반대로 만들어야 한다.

9) 마스터 필름과 같은 모양의 패턴이 형성되는 감광재는 '포지티브 포토레지스트(Positive Photoresist)'라 한다.

앞에서 보인 [그림 4.12]의 마스터 필름은 네거티브 포토레지스트를 사용하기 위해 음영을 설계와 반대로 만든 것이다. [그림 4.15]는 현상을 마쳤을 때 패널에 형성된 감광층 패턴이다. [그림 4.12]와 비교해 보면, 명암이 서로 반대임을 알 수 있다.

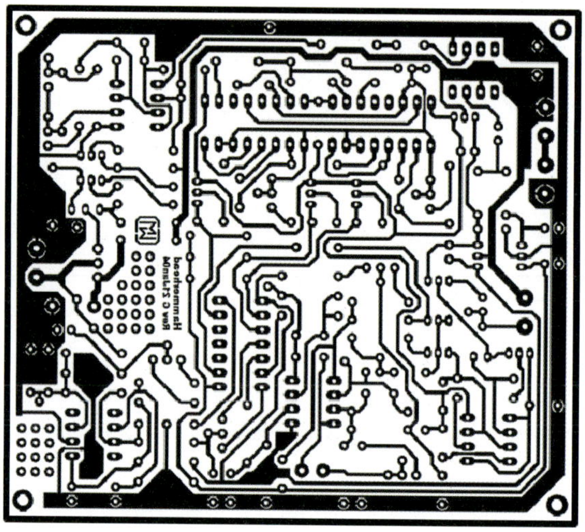

[그림 4.15] 감광층 패턴

[그림 4.16]은 설계된 배선 패턴과 마스터 필름을 비교한 것이다. 포지티브 마스터 필름은 설계된 패턴과 음영이 같다. 반면에 네거티브 마스터 필름은 음영이 반대이다.

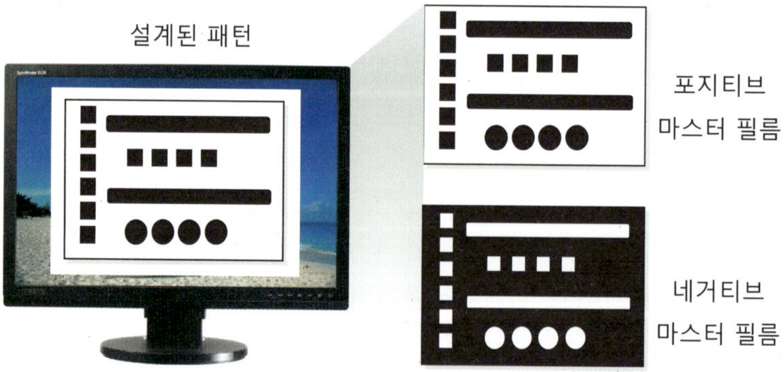

[그림 4.16] 설계된 패턴과 마스터 필름의 비교

4.5 배선의 형성

위의 4.4절에서 설명한 화상형성공정은 감광층을 가공하는 공정이다. 배선이 될 동박은 아직 가공하지 않았으며, 감광층을 이용하는 '부식(Etching)법'으로 가공한다. 부식법은 부식액으로 필요 없는 동박을 제거하는 방법이다.

4.5.1 배선의 형성 과정

[그림 4.17]은 부식법을 이용해 배선을 형성하는 과정이다. 그림에서 ❶은 정면을 마친 패널이다. ❷는 화상형성공정으로 감광층 패턴을 형성한 상태로, 부식액을 뿌려 동박을 제거하고 있다. 이때 감광층 패턴은 동박을 보호한다. 즉, 감광층 패턴 아래쪽의 동박은 보호되고, 다른 곳의 동박은 제거된다. 이런 의미에서 감광층 패턴을 부식레지스트(Etching Resist)라 한다.[10)]

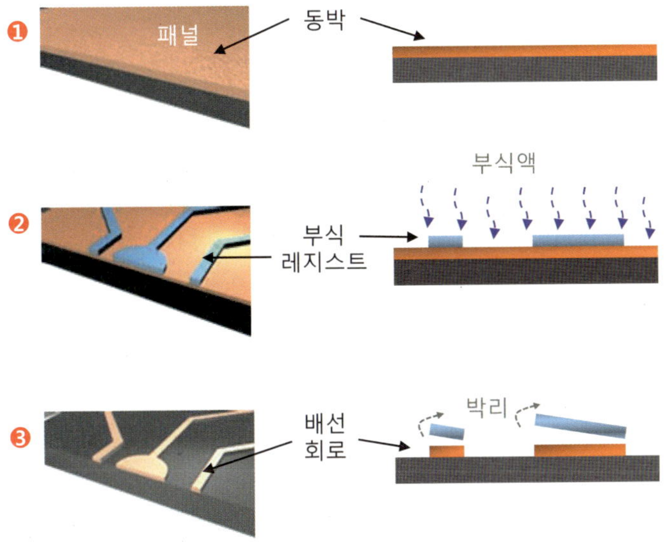

[그림 4.17] 부식법에 의한 배선의 형성

10) PCB 제조공정에서는 '부식레지스트'라는 용어를 더 많이 사용한다.

❸은 부식이 완료된 상태로, 동박의 배선이 형성되었다. 이때 역할을 다한 감광층, 즉 부식레지스트는 제거한다. 부식레지스트를 제거하는 작업을 '박리(Stripping)'라 하며, 박리액을 이용한다. D/F의 박리액은 수산화나트륨(NaOH) 또는 수산화칼륨(KOH)이다.

4.5.2 부식법

부식법은 [그림 4.17]에서 살펴본 것처럼 배선이 될 부분을 남기고, 다른 부분의 동박을 부식액으로 제거한다. 즉, 배선만 남기고, 그 외의 동박은 모두 제거하므로 그 특징을 반영하여 'Subtractive법'이라고도 한다. 부식법과 반대로 절연판을 부분적으로 도금하여 배선을 형성하는 방법이 있으며, 이 방법은 'Additive법'이라고 한다.[11)]

부식액

부식법에 사용되는 부식액은 동(Cu)을 녹여 제거하는 작용을 한다. 부식액에는 염화제2철($FeCl_3$) 부식액, 염화제2동($CuCl_2$) 부식액, 알칼리 부식액 등이 있다.

❶ 염화제2철 부식액

염화제2철 부식액의 주성분은 염화제2철($FeCl_3$)과 염산(HCl)이다. 부식속도가 빠르고 가격이 싸기 때문에 많이 사용한다. 또한 염화제2동 부식액에 비해서 측면 부식(Side Etching)[12)]이 덜 일어나므로 미세한 배선의 가공에 유리하다. 다만 부식장치의 표면을 자갈색으로 오염시키는 결점이 있다. 부식 반응식은 다음과 같다.

$$Cu + 2FeCl_3 \rightarrow 2FeCl_2 + CuCl_2$$

❷ 염화제2동 부식액

염화제2동 부식액의 주성분은 염화제2동($CuCl_2$)과 염산(HCl), 과수(H_2O_2) 등이다. 염화제2철 부식액에 비해 부식속도가 느리다. 염산은 부식 반응을 안정시키는 역할을 하고, 과수는 촉매로 작용한다. 부식 반응식은 다음과 같으며, 반응의 결과로 염화동(CuCl)이

11) '8.1절'을 참조하라.
12) 부식액이 수직방향으로만 작용하지 않고, 측면으로도 작용하여 부식레지스트 아래의 동박이 용해되는 현상이다. 측면부식으로 인해 배선의 위쪽의 폭이 아래쪽보다 짧아진다. 상세한 내용은 '9.1절'을 참조하라.

생성된다.

$$Cu + CuCl_2 \rightarrow 2CuCl$$

부식이 진행되면 염화동이 계속 생성되므로 부식액 내의 염화동 농도가 높아진다. 그러면 염산 및 과수에 의해 재생 반응이 일어나 염화제2동이 다시 생성된다. 염화제2동 부식액은 이 재생반응에 의해 조성이 일정하게 유지되는 점이 장점이다. 다음은 재생 반응식이다.

$$2CuCl + 2HCl + H_2O_2 \rightarrow 2CuCl_2 + 2H_2O$$

❸ 알칼리 부식액

알칼리(Alkali) 부식액의 주성분은 염화 테트라 암모니움 동[$Cu(NH_3)_4Cl_2$]이며, 재생 반응을 위해 수산화암모늄(NH_4OH), 염화암모늄(NH_4Cl) 및 기타 첨가제가 들어 있다. 정밀도가 높은 부식에 적합하며, 다른 부식액에 비해 수명이 길고, 부식속도가 염화제2철 부식액 보다 빠르다. 동은 물론 땜납, 금, 은, 니켈, 주석 등도 부식할 수 있다. 부식 반응식은 다음과 같다. 반응의 결과로 염화 디아민 동[$Cu(NH_3)_2Cl$]이 생성된다.

$$Cu + Cu(NH_3)_4Cl_2 \rightarrow 2Cu(NH_3)_2Cl$$

부식 반응에 의해 생성되는 염화 디아민 동을 산화시켜 알칼리 부식액의 주성분인 염화 테트라 암모니움 동을 재생한다. 재생 반응식은 다음과 같다.

$$4Cu(NH_3)_2Cl + 4NH_4OH + 4NH_4Cl + O_2 \rightarrow 4Cu(NH_3)_4Cl_2 + 6H_2O$$

부식장치

부식장치는 대량생산에 적합한 분무식이 주로 사용된다. 분무식은 수평식과 수직식으로 구분되며, 이 중에서 양산성이 높은 수평식이 많이 사용된다. 수평식 부식장치는 위쪽과 아래쪽에 스프레이 노즐(Nozzle)이 있으며, 이를 이용해 패널의 양면을 부식한다.13)

수직식 부식장치는 패널을 수직 방향으로 이동시키면서 양면을 부식한다. 이 방식은 패널이 수직 방향으로 놓이므로 부식 품질이 균일하고, 장치가 수직으로 배치되어 설치 면적이 줄어드는 장점이 있다.

최근의 부식장치들은 미세한 노즐과 자동화된 용액관리 시스템을 사용하여 부식 가공의 정밀도를 높인다. 또한 부식은 물론 부식레지스트 박리와 수세 및 건조를 일괄로 처리하는 부식장치가 많이 사용된다. [그림 4.18]은 부식과 박리 작업이 가능하고, 각각의 작업 후에는 수세와 건조가 자동으로 이루어지는 부식장치이다.

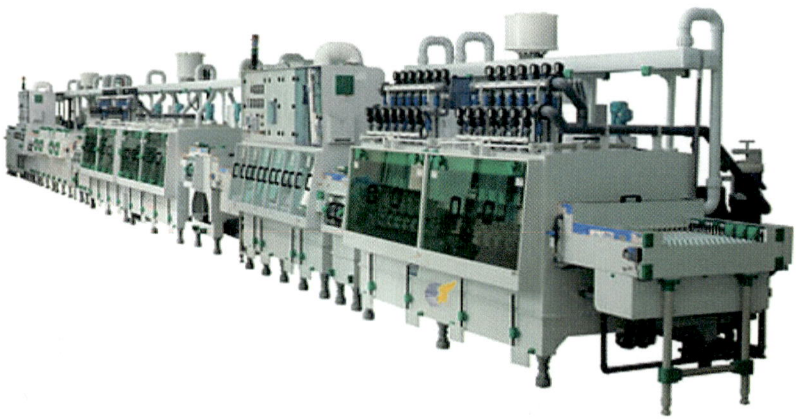

[그림 4.18] **부식장치**

부식공정의 불량

❶ 측면부식

부식공정에서 가장 흔히 발견되는 불량은 과도한 측면부식(Side Etching)이다. 측면부식이란 부식액이 수직방향은 물론 수평방향으로도 작용하여 부식레지스트 아래의 동박이 용해되는 현상이다. [그림 4.19]는 PCB의 단면으로, 심한 측면부식 때문에 배선의 위쪽이 아래쪽보다 좁아졌다.

13) 단면 PCB는 한쪽 면(위쪽)만 부식한다.

부식 특성이 우수한 수직식 부식장치를 사용하여도 측면부식을 완전히 방지할 수는 없다. 측면부식에 대응하기 위해 부식레지스트의 폭을 설계된 수치보다 보다 크게 만드는 보정기법이 주로 사용된다.

[그림 4.19] **측면 부식 불량**

❷ 부식레지스트 들뜸

부식레지스트가 밀착되지 못하고 들뜨면, 부식액이 침투하여 '단선 불량'이 발생된다. 또한 부식레지스트 패턴의 간격이 너무 좁으면, 부식액이 스며들지 못해 제거할 동박이 남겨지는 '단락 불량'이 발생된다. [그림 4.20]은 배선에 발생된 단선 및 단락 불량이다.

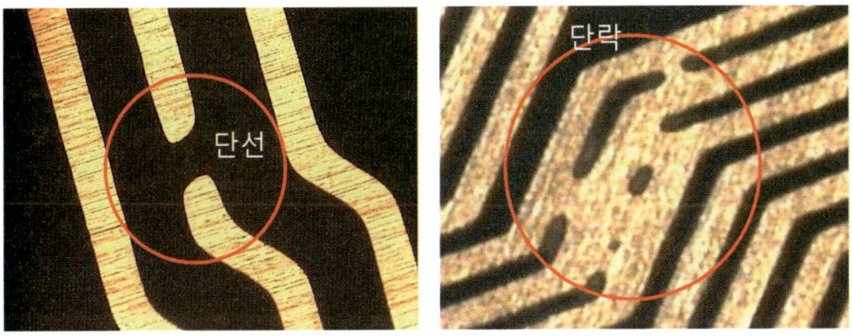

[그림 4.20] **단선 및 단락 불량**

PCB의 제조공정에서 발생하는 불량의 절반 정도가 부식공정을 포함한 각종 패턴의 형성 중에 발생한다.

4.6 스크린 인쇄

이후에 설명할 제조공정에서는 '스크린 인쇄'가 많이 사용된다. 다음 공정을 설명하기에 앞서 먼저 스크린 인쇄에 대해 알아보자. 스크린 인쇄는 '스크린 판'을 이용해 패턴을 인쇄하는 방식이다. 4.4절의 화상형성공정(감광층 형성 → 노광 → 현상)에 비해 간편하게 패턴을 형성할 수 있다는 점이 스크린 인쇄의 장점이다. 초기의 PCB는 스크린 인쇄로 배선을 형성하였으나, 현재는 솔더레지스트나 심벌마크 인쇄에 주로 사용된다.[14)]

4.6.1 제판

▌스크린

스크린 인쇄에 사용되는 스크린 판은 '스크린 천'을 이용해 만든다. 스크린 천은 강도가 높고, 신축성과 탄성이 좋아야 하므로 실크, 테트론, 폴리에스테르, 나일론과 같은 극세사를 직조하여 만든다. 이 중에서 PCB용으로는 폴리에스테르가 많이 사용된다.

스크린 천에서 실과 실의 간격을 메쉬(Mesh)라 하며, 이 간격에 따라 인쇄되는 패턴의 정밀도가 달라진다. 예를 들어, 1인치 내에 200개의 실이 짜여 있는 것을 '200메쉬'라 한다. 200메쉬, 230메쉬, 250메쉬, 300메쉬, 400메쉬, 500메쉬 등이 있으며, 숫자가 커질수록 미세한 패턴을 인쇄할 수 있다.

▌제판

스크린 천을 이용해 스크린 판을 만드는 작업을 '제판'이라 한다. 이 작업은 제판용 틀에 스크린 천을 고정시키는 것으로, 스크린 천을 균일하게 고정시키는 것이 중요하다. [그림 4.21]은 알루미늄 및 나무로 된 제판용 틀(Frame)이다. 알루미늄이 주로 사용된다.

---

14) '4.7절' 및 '4.8절'을 참조하라.

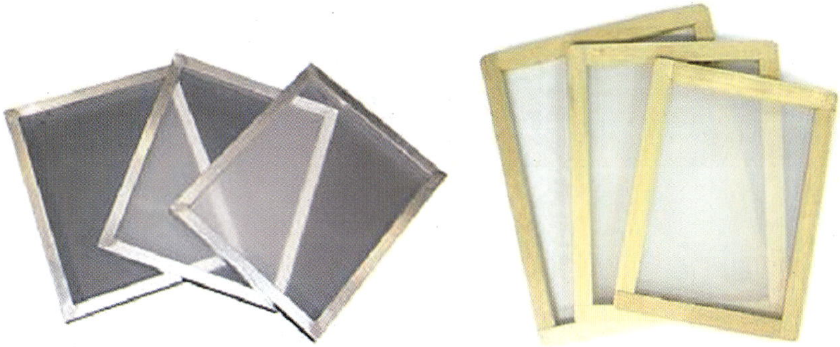

[그림 4.21] 제판용 틀

제판을 위해 바이어스를 씌우듯 틀 위에 스크린 천을 균일하게 펼친다. 다음으로, [그림 4.22]와 같이 인장기를 이용해 스크린 천의 4변을 균일한 힘으로 당기고, 이 상태에서 접착제나 테이프로 고정시킨다. 스크린 천이 고정되면 인장력 측정기(Tension Gauge)를 스크린에 올려놓고 균일도를 측정한다. 이는 인장력이 균일해야 스크린 천에 형성된 배선 패턴이 왜곡되지 않기 때문이다.

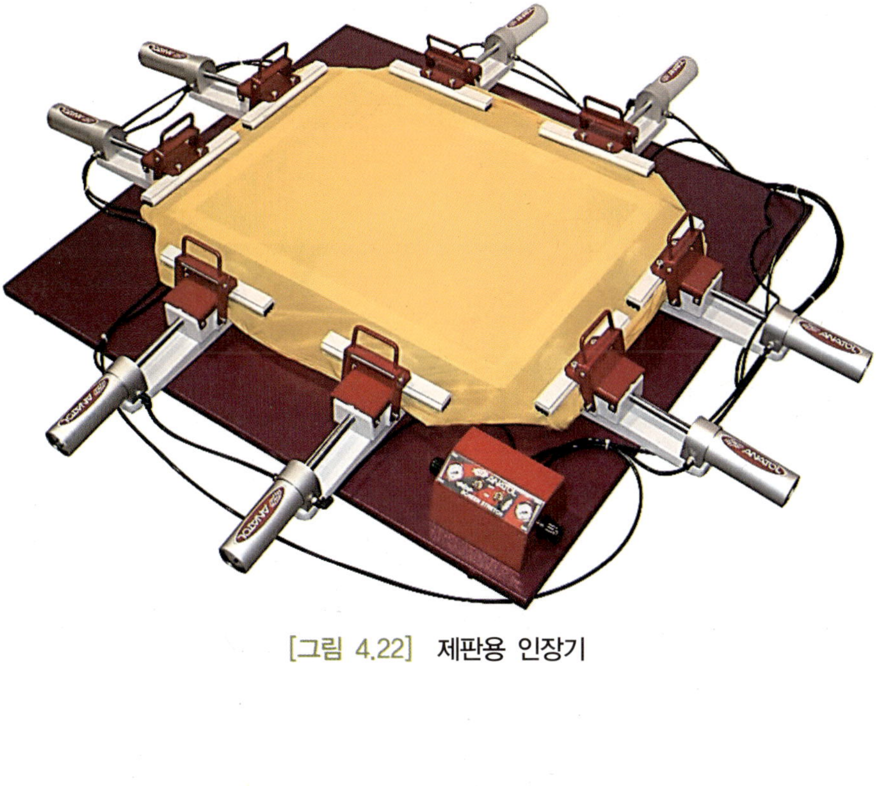

[그림 4.22] 제판용 인장기

제판용 틀에 스크린 천이 고정되면, 인쇄 패턴을 형성한다. 이후의 과정은 다음과 같다.

탈지 → 감광유제 코팅 → 마스터 필름 준비 → 노광 및 현상 → 검사

- 탈지(Degreasing) : 스크린 천의 기름성분 등을 중성세제나 약알칼리 수용액으로 제거한다. 그러면, 감광유제[15)]의 접착성이 높아진다.
- 감광유제 코팅 : 스크린 천에 감광유제를 코팅하고, 건조한다.
- 마스터 필름 준비 : 인쇄 패턴이 출력된 마스터 필름을 준비한다.
- 노광 및 현상 : 마스터 필름을 스크린과 밀착시킨 다음, 수은등과 같은 광원으로 노광한다. 감광유제는 수용성이므로 물을 이용해 현상한다.
- 검사 : 핀 홀의 유무, 감광유제의 밀착 및 고정 상태, 패턴의 선명도 등을 확인한다.

4.6.2 인쇄

[그림 4.23]은 스크린 인쇄의 원리이다. 그림에서 (a)는 인쇄 패턴의 예이고, (b)는 스크린 인쇄 방법이다. 그림 (a)에 보인 인쇄 패턴에서 진한 회색으로 보이는 부분이 감광유제이고, 흰색에 가깝게 보이는 부분이 패턴이다. 패턴 부분은 현상할 때 감광유제가 제거되었다.

(a)

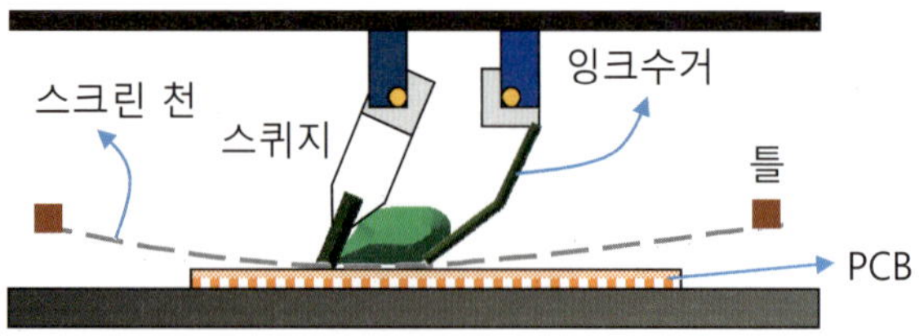

(b)

[그림 4.23] 스크린 인쇄의 원리

15) 스크린에 감광층을 형성하기 위한 액체 상태의 감광재이다. 젤라틴, PVA 중크롬산염, 젤라틴 철염, 디아조 등이 사용된다.

[그림 4.23]의 (b)는 스크린 판[16]을 PCB 위에 걸고 인쇄하는 모습으로, 스크린 천에 인쇄용 잉크를 부어 놓고 스퀴지(Squeeze) 고무 바(Bar)로 민다. 그러면 감광유제가 없는 패턴 쪽으로 잉크가 통과하면서 인쇄가 이루어진다. 예를 들어 스크린 패턴의 'PCB' 글자 부분을 스퀴지로 밀면, 녹색의 잉크가 패널 쪽으로 밀려나가 'PCB'라는 글자가 인쇄된다. 스크린 인쇄의 가장 큰 특징은 양산성이다. 스크린을 인쇄기에 설치한 후 단순히 스퀴지로 잉크를 밀면, 원하는 패턴이 인쇄된다. 따라서 화상형성공정에 비해 작업시간이 크게 단축된다.

스크린 인쇄가 완료되면 잉크를 건조하여 경화시킨다. 이를 위해 인쇄된 패널을 오븐에 넣고 레지스트 잉크의 특성에 맞는 조건으로 건조시킨다. 건조 방법에는 상온건조(자연건조), 온풍건조, 전열건조, 원적외선 건조 및 자외선 건조가 있다. 이 중에서 원적외선 건조방법과 자외선 건조가 많이 사용된다.

자외선 건조는 UV 잉크로 인쇄한 경우에 사용되는 건조 방법으로, 자외선 램프로 건조한다. UV 잉크는 자외선을 쪼이면 몇 초 만에 건조되므로 작업시간이 단축되고, 장치를 대형화할 필요가 없다.

4.7 솔더레지스트 형성

4.7.1 솔더레지스트의 역할

PCB 배선은 동박을 부식하여 만든 것이므로 절연(보호) 피복이 없는 상태이다. 이 상태로 PCB를 사용하면, 오염이나 물리적인 손상에 의해 배선이 끊어지거나 잘못 접속될 수 있다. 특히 부품을 실장할 때 땜납에 의하여 원하지 않는 접속[17]이 생길 가능성이 많다. 이러한 문제를 방지하기 위하여 부품이 실장될 패드 주변을 제외한 다른 부분을 덮어 주는 피막을 솔더레지스트라 한다.

레지스트(Resist)라는 용어는 PCB 제조공정에서 '어떤 처리나 반응이 미치지 않도록 보호하는 피막'의 의미로 사용된다. 예를 들어 '부식레지스트'는 부식액으로부터 동박을 보호한다. 이런 의미에서 솔더레지스트(Solder Resist)는 납땜(Soldering) 중에 불필요한 접속이 일어나지 않도록 배선을 보호하는 피막이라고 할 수 있다. 솔더레지스트는 '솔더마

16) [그림 4.23]의 (a)에 보인 인쇄 패턴이 만들어져 있다.
17) 이를 'Solder Bridge'라 한다.

스크(Solder Mask)'라고도 한다. [그림 4.24]는 솔더레지스트를 인쇄한 PCB의 단면으로, 배선의 위쪽에 녹색의 솔더레지스트가 덮여 있다.

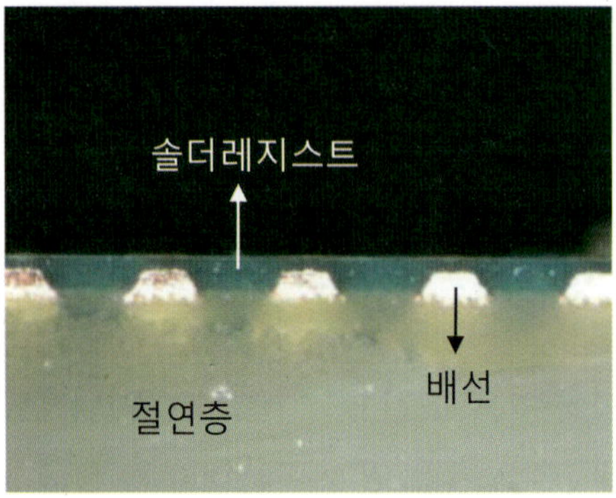

[그림 4.24] **솔더레지스트가 덮인 PCB**

부식레지스트는 제조공정 중에 일시적으로 사용되고 나중에 제거된다. 반면에 솔더레지스트는 부품의 실장 후에도 PCB에 그대로 남아 절연 및 보호 피막으로 작용한다. 감광성을 가진 솔더레지스트용 잉크는 PSR(Photo imageable Solder Resist ink)이라고 한다.[18] PSR은 대부분 녹색이며, 솔더링을 견딜 수 있는 내열성 수지로 만든다.

4.7.2 솔더레지스트 패턴의 형성

솔더레지스트 패턴은 '잉크 코팅 → 노광 및 현상 → 경화'의 순서로 형성한다.

▌잉크 코팅

패널에 솔더레지스트 잉크를 코팅한다. 코팅 후에는 초벌 건조를 실시하여 노광 및 현상할 때 피막이 손상되지 않도록 한다. [그림 4.25]는 솔더레지스트 잉크의 코팅 방법으로, 스크린 인쇄법, 롤러 코팅법, 커튼 코팅법, 스프레이 코팅법이 있다. 스크린 인쇄법은 일반 솔더레지스트 잉크를 사용하고, 그 외의 코팅법은 모두 PSR을 사용한다.

18) 감광성이 없는 일반 솔더레지스트 잉크도 있다. 이 잉크는 스크린 인쇄로 패턴을 형성한다.

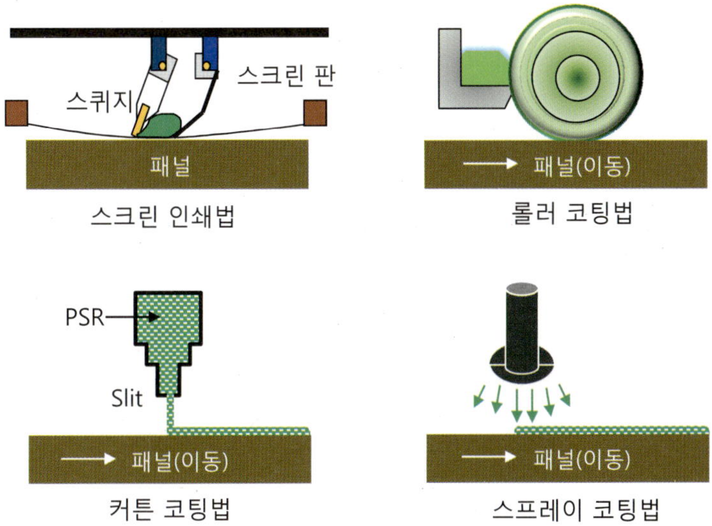

[그림 4.25] **솔더레지스트 잉크의 코팅 방법**

- 스크린 인쇄법 : 스크린 판을 이용해 솔더레지스트 패턴을 직접 인쇄하는 방법이다. 노광과 현상이 필요 없으므로 일반 솔더레지스트 잉크를 사용한다.
- 롤러 코팅법 : 점도가 낮은 PSR을 고무로 된 롤러에 묻혀 코팅한다. 솔더레지스트의 두께를 조절할 수 없고, 균일한 코팅이 어렵다.
- 커튼 코팅법 : PSR을 슬릿(Slit)[19]으로 흘려 커튼 형태의 막을 만들고, 이를 패널에 코팅하는 방법이다. PSR을 균일하게 코팅할 수 있고, 작업할 수 있는 패널의 크기에 제한이 없다. 롤러 코팅법 보다 점도가 더 낮은 PSR을 사용해야 한다.
- 스프레이 코팅법 : 솔더레지스트 잉크를 뿌려서 코팅하는 방법으로, 피막의 두께를 조절하기 쉽다.

노광 및 현상

마스터 필름을 밀착한 다음, 노광 및 현상을 행하여 솔더레지스트 패턴을 형성한다. 스크린 인쇄법의 경우에는 노광과 현상이 필요 없다.

경화

솔더레지스트 잉크를 열처리하여 잉크에 포함되어 있는 수지를 경화시킨다. 경화가 부족

19) 좁고 길게 파인 배출구이다.

하면 후속공정에서 솔더레지스트 피막이 들뜨는 불량이 발생된다. 열경화형, UV 경화형, 열+UV 복합 경화형이 있다. 단면 PCB에는 주로 열경화형이 사용된다.

4.8 심벌마크 인쇄

심벌마크(Symbol Mark)[20]는 PCB 표면에 인쇄된 부품명, 부품의 외형, 용량 등을 표시하는 문자나 심벌이다. 심벌마크는 솔더레지스트 패턴을 형성한 후에 스크린 인쇄법으로 인쇄한다. 작업자가 쉽게 확인할 수 있도록 흰색 잉크를 사용한다. 인쇄 후에는 건조기에서 잉크를 건조한다. [그림 4.26]에서 PCB에 인쇄된 심벌마크를 볼 수 있다. 흰색으로 인쇄된 문자나 부품의 외형 등이 심벌마크이다.

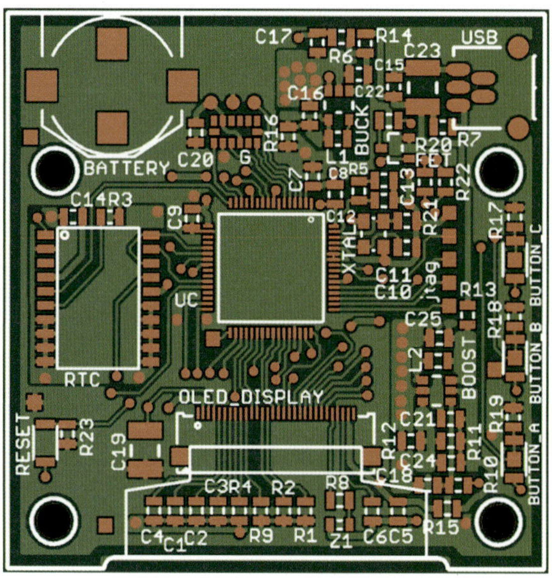

[그림 4.26] **심벌마크**

심벌마크는 요철이 있는 PCB 표면에 인쇄하기 때문에 문자에 줄이 생기고 번지는 불량이 발생된다. 패드 위에 문자가 인쇄되면 솔더링 시에 문제가 되므로 주의해야 한다. [그림 4.27]은 심벌마크 불량을 보여 준다. 왼쪽의 사진은 정상적인 경우이고, 오른쪽은 번짐 불량이 발생된 경우이다.

20) 마킹(Marking)이라고도 한다.

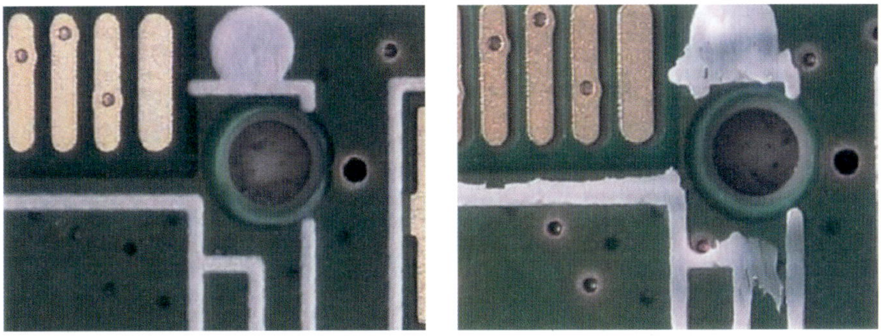

심벌마크(정상) 심벌마크(번짐)

[그림 4.27] 심벌마크 불량

4.9 표면처리

표면처리는 솔더레지스트로 덮이지 않은 부분(홀 주변의 랜드 및 부품실장용 패드)의 표면을 처리하는 작업이다. 마감처리(Finish Treatment)라고도 한다. 표면처리의 목적은 노출된 동박이 산화되는 것을 막고, 부품의 납땜성(Solderability)과 전도성을 높이기 위함이다.

4.9.1 HASL

HASL(Hot Air Solder Levelling)은 땜납이 녹아 있는 탱크에 패널을 담근 후 고온, 고압의 뜨거운 바람(Hot Air)을 불어 땜납을 균일하게 입혀주는 방법이다. HASL에 사용되는 땜납은 공정솔더[21]이다. 공정솔더는 녹는 온도와 굳는 온도의 차이가 작아 작업이 쉽고, 깨끗한 표면을 만들 수 있다. 현재는 환경문제로 인하여 많은 국가에서 납이 포함된 PCB 제품의 반입과 사용을 금지하고 있다. 이 때문에 HASL은 많이 사용되지 않는다.[22]

21) 주석(Sn)과 납(Pb)의 비율이 63[%] : 37[%]인 땜납이다.
22) 관련 내용은 '8.5절'을 참조하라.

4.9.2 프리플럭스(Pre-Flux) 코팅

납땜의 품질을 높여 주는 플럭스(Flux)와 비슷한 유기물을 표면에 코팅하는 방법이다. 프리플럭스는 OSP(Organic Solderability Preservative)라고도 하며, 유기물질을 사용하므로 환경 친화적이다. 프리플럭스에는 지용성과 수용성이 있다. 지용성 프리플럭스는 부품을 실장할 때 잔류물이 남는 문제가 있어 주로 수용성 프리플럭스가 사용된다.

프리플럭스는 다른 표면처리와 달리 오염을 방지하기 위해 모든 제조공정을 마친 후에 코팅한다. 솔더링 특성이 우수하지만, 수명이 짧고 단가가 비싸다는 단점이 있다.

4.9.3 무전해 금도금

도전성과 납땜성이 좋은 금(Au)을 이용하는 방법이다. 금은 동박 속으로 확산하는 성질이 있고, 경도가 낮아 손상되기 쉬우며, 가격이 비싸다는 단점이 있다. 이를 보완하기 위해 동박 위에 마모에 견디는 성질이 좋은 니켈(Ni)을 먼저 도금하고 그 위에 금을 도금한다. 니켈과 금은 무전해 방식으로 도금[23]하며, 니켈을 도금할 때 부식에 잘 견딜 수 있도록 인(P) 성분을 포함시킨다. 니켈은 3~6㎛로 두껍게 도금하고, 금은 0.03~0.1㎛ 정도의 두께로 도금한다.

[그림 4.28]은 위에서 설명한 HASL, 프리플럭스 코팅 및 무전해 금도금 방법으로 표면을 처리한 PCB의 예이다. 그림 (a)는 HASL이고, (b)는 프리플럭스 코팅이다. 프리플럭스는 피막이 투명하므로 동박이 노출된 것처럼 보인다. 그림 (c)는 무전해 금도금이다.

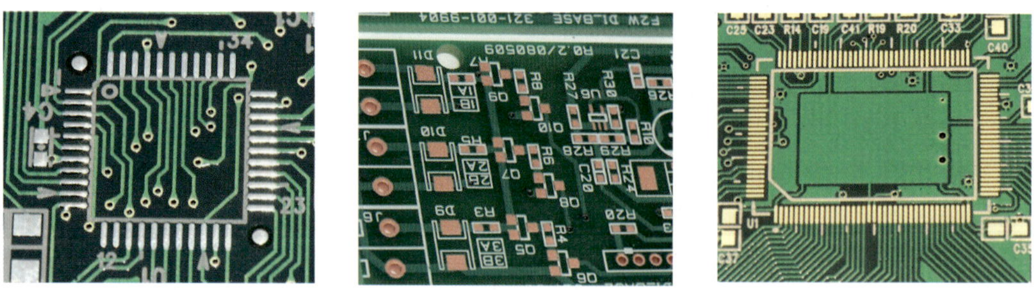

(a) (b) (c)

[그림 4.28] 표면처리 방법 비교

23) 무전해 도금은 촉매를 이용하는 도금 방식이다. 촉매로는 팔라듐(Pd)이 사용된다.

4.9.4 무전해 주석도금

무전해 주석(Immersion Tin ; Sn)을 도금하는 방법이다. 초기의 무전해 주석도금은 색깔이 회색인 'Gray Tin'으로 쉽게 산화되어 표면처리용으로 사용하기 어려웠다. 현재는 밝은 색을 가진 'White Tin'으로 개량되어 표면처리에 많이 사용되고 있다. 무전해 주석도금은 여러 번 솔더링 해도 특성이 크게 떨어지지 않고, 도금 표면이 매우 균일하다. 이 때문에 SMD[24]를 실장할 때 유리하다. 또한 금도금에 비해 경제적이고, 미세한 패턴에 대한 표면처리에 유리하다.

무전해 주석도금은 특히 납의 사용이 금지되면서 'HASL'을 대신할 수 있는 표면처리 기술로 주목받고 있다. 'Whisker' 현상[25]이 문제가 되었으나, 오염을 제거하고 공정조건을 조절하여 이를 억제할 수 있게 되었다. [그림 4.29]는 무전해 주석도금 한 PCB의 모습이다.

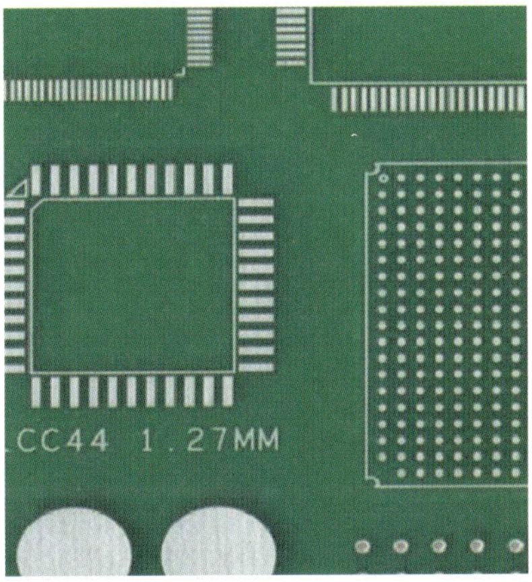

[그림 4.29] **무전해 주석 도금**

4.9.5 무전해 팔라디움 도금

팔라디움(Pd)을 도금하는 방법이다. 위에서 설명한 '무전해 금도금'은 솔더링할 때 고온에 의해 니켈과 금의 밀착력이 급격히 떨어지는 문제점이 있다. 팔라디움은 니켈을 사용하지 않고 동박 위에 직접 도금하므로 이런 문제가 발생되지 않는다. 또한 표면처리는 물론 단자도금에도 적용할 수 있다. 다만, 팔라디움의 가격이 금보다 비싸기 때문에 많이 사용되지 못하고 있다.

---

24) Surface Mounting Device의 약자로, 표면실장 소자라 한다.
25) 오염 등의 원인으로 도금 피막의 일부가 비정상적으로 성장하여 돌출되는 현상이다. 납땜성이 떨어지는 원인이 된다.

4.9.6 무전해 은도금

동박 표면에 0.07~0.1㎛ 두께로 무전해 은(Ag)을 도금하는 표면처리 방법이다. 이 방법은 무전해 금도금에 비해 원가를 줄일 수 있고, 도금 표면도 매우 균일하다. 내열성과 납땜성이 우수하며, 작업 온도가 낮아 기판의 휘어짐을 방지할 수 있다.

4.10 단자도금

PCB는 부품을 실장하는 것만으로 동작하지 않으며, 전원을 공급하고, 외부장치나 다른 PCB와 신호를 주고받을 수 있어야 한다. 전원의 공급과 신호의 교환을 위한 출입구를 단자(Terminal)라 한다. 단자는 탈·부착을 많이 하고, 외부와 전기적으로 연결해야 하므로 경도(Hardness)와 도전성이 높은 금속으로 도금한다. 이를 '단자도금'이라 한다. 단자도금으로는 경도를 높인 금도금이 주로 사용되며, 이를 'Hard Gold'라 한다. Hard Gold의 경도는 160~210HV[26] 정도이다.

Hard Gold는 2~3㎛의 니켈과 0.3~0.5㎛의 금을 차례로 전기도금[27]하여 만든다. 이때 니켈은 광택 도금을 하고, 금도금 피막에는 적은 양의 코발트(Co)를 넣어 경도를 높인다. [그림 4.30]은 금으로 단자도금 한 PCB이다.

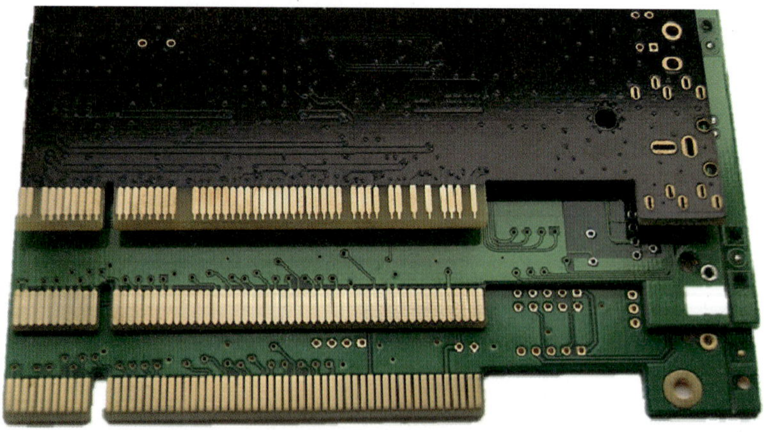

[그림 4.30] 단자도금

26) 경도의 단위이다.
27) 도금하려는 금속을 이온으로 만들고, 패널에 전기를 걸어 금속 이온을 끌어당겨 도금하는 방법이다. 도금 속도가 빠르고 도금 피막의 특성도 우수하다.

Hard Gold에 비해 경도가 낮은 금도금을 'Soft Gold'라 한다. Soft Gold는 니켈을 무광택 도금한 다음, 적은 양의 탈륨(Tl)을 포함한 금을 도금하여 만든다. Soft Gold의 경도는 100~160HV 정도이므로 단자도금으로 사용할 수 없으며, IC Substrate용 PCB에 주로 사용된다.

4.11 외형가공

단자도금까지 마치면, 단면 PCB의 제조공정은 거의 마무리된다. 마지막 단계로, PCB의 외형과 V-Cut을 가공한다. PCB의 외형은 라우터(Router)나 프레스로 가공하고, V-Cut은 전용의 설비를 이용한다.

4.11.1 라우터 가공

[그림 4.31]은 외형가공을 마친 패널이다. 여기에는 4개의 개별 PCB가 들어 있으며, 각각은 외형이 가공되어 있다. 또한 그림에 표시한 'V-Cut'[28]을 가공하여 개별 PCB를 분리할 수 있도록 되어 있다.

[그림 4.31] 외형가공을 마친 패널

28) 그림에 표시한 것 이외에 패널의 바깥쪽 틀과 연결된 부분은 모두 V-Cut이 가공되어 있다.

외형가공에 사용하는 가장 일반적인 설비는 라우터(Router)이다. 라우터는 스핀들 모터의 축에 라우팅 비트[29]를 부착한 다음, 이를 회전시켜 패널을 가공한다. 이때 패널의 외형 데이터에 따라 라우팅 비트를 움직인다.

작업 효율을 높이기 위해 여러 개의 축을 가진 다축 라우터가 주로 사용된다. 또한 여러 장의 기판을 겹쳐 놓고 한 번에 가공하여 효율을 높인다.

4.11.2 프레스 가공

프레스(Press) 가공은 PCB별로 금형을 만들고, 이를 프레스에 장착하여 외형을 가공하는 방법이다. [그림 4.32]는 프레스 가공에 사용되는 금형으로, 위와 아래의 상형과 하형으로 이루어져 있다. 상형에는 '외형가공용 날'과 '홀 가공용 핀'이 부착되어 있다. 하형에는 기판을 관통한 상형의 핀을 수용하기 위한 홀이 같은 위치에 가공되어 있다. 또한 상형과 하형에는 '고정용 홀'과 '고정용 핀'이 만들어져 있으며, 작업 시 이들을 결합하여 힘을 가한다.

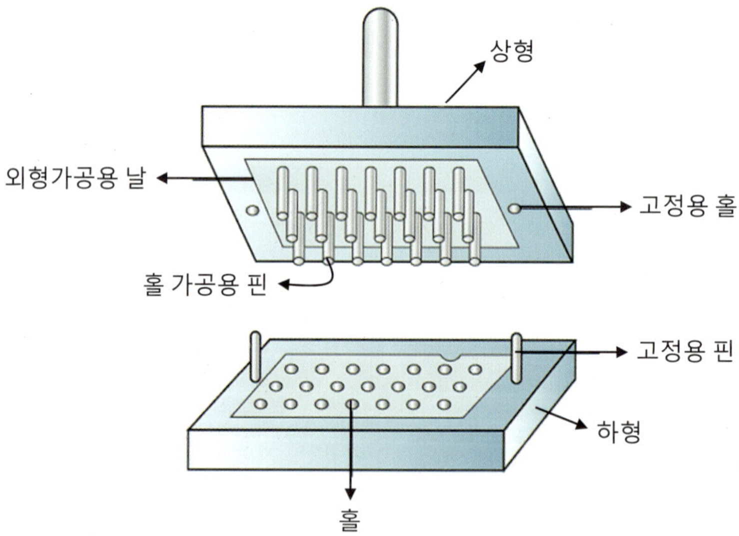

[그림 4.32] 프레스 가공을 위한 금형

작업 시에는 상형과 하형의 중간에 패널을 놓고 상형에 압력을 가한다. 이와 같은 프레스에 의한 가공을 펀칭(Punching)이라고도 한다. 프레스 가공은 라우터 가공과 달리 한 번의

29) 드릴 날이다.

작업만으로 외형을 가공할 수 있으므로 생산성이 매우 높다. 다만 고가의 금형을 제작하여야 하므로 양산용 PCB에만 적용한다.30)

[그림 4.33]은 PCB의 외형가공을 위한 금형이다. 그림 (a)를 살펴보면, 상형에는 고정용 핀이, 하형에는 고정용 홀이 만들어져 있다, 이 그림은 외형가공을 마친 상태로, 하형에 패널의 외곽 틀이 남아 있고, 하형의 앞쪽에 분리된 개별 PCB가 놓여 있다.

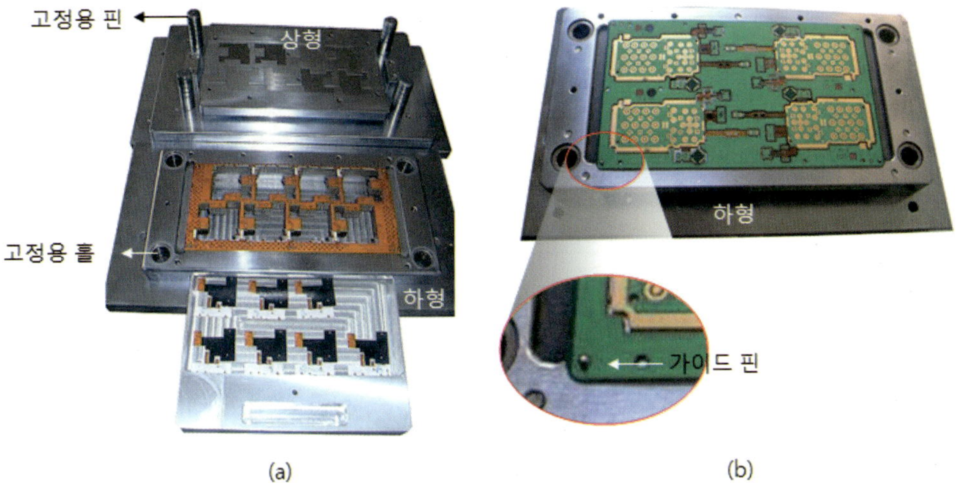

[그림 4.33] **프레스 가공을 위한 금형**

[그림 4.33]의 (b)는 가공에 앞서 하형에 패널을 고정시킨 모습이다. 그림에서 확대한 부분을 살펴보면, 패널의 모서리를 가이드 핀(Guide Pin)에 꽂아 고정시켜 두었다. 이는 외형을 정확히 가공하기 위함이다.31)

프레스 가공 시, 패널을 그대로 펀칭하면 패널이 깨지는 등 손상될 수 있다. 이를 방지하기 위해 60℃~80℃로 가열한다. 이를 사전가열이라 한다. 패널의 종류와 두께 등에 따라 프레스 장치의 펀칭 압력을 다르게 설정한다. 일반적으로는 50톤에서 120톤 정도이다.

라우터 가공과 프레스 가공 비교

[표 4.2]에 라우터 가공과 프레스 가공의 특성을 비교하였다. 라우터 가공은 다품종, 소량생산에 적합하고, 프레스 가공은 소품종, 대량생산에 유리하다. 이는 프레스 가공의

30) 소량 생산 PCB에 사용하는 목형이 있다. 이는 나무나 플라스틱 틀에 칼날을 끼워 만들며, 가격이 싸다.
31) 가공할 모든 패널의 일정한 위치에 가이드 홀을 만들고, 이를 금형(하형)의 가이드 핀에 꽂음으로써 일정하고 정확하게 외형을 가공한다.

경우 고가의 금형을 사용하지만, 가공이 쉽고 빠르기 때문이다. 반면에 가공 품질은 라우터 가공이 우수하다.

PCB의 다품종 소량화 경향 및 정밀 가공이 필요한 HDI, IC Substrate용 PCB 수요가 증가하면서 고가의 금형이 필요하고 가공 품질이 낮은 프레스 가공보다 라우터 가공이 훨씬 선호되고 있다.

[표 4.2] **라우터 가공과 프레스 가공 비교**

항목	라우터 가공	프레스 가공
적용 제품	다품종, 소량생산	소품종, 대량생산
생산성	낮다	높다
외형 변경	쉽다	어렵다
가공 품질	단면이 깨끗하다	단면이 거칠다
제품 변경	외형 데이터 변경만으로 제품의 변경이 가능	제품별로 별도의 금형 제작 필요 (원가 상승)

4.11.3 V-Cut 가공

V-Cut은 패널에 여러 개의 동일한 PCB를 제작할 때, 이들을 분리하기 위해 V자 형태로 가공한 홈이다. [그림 4.34]에 V-Cut 가공을 보였다. 부품을 실장한 후에 개별 PCB로 분리하는 것도 가능하다.

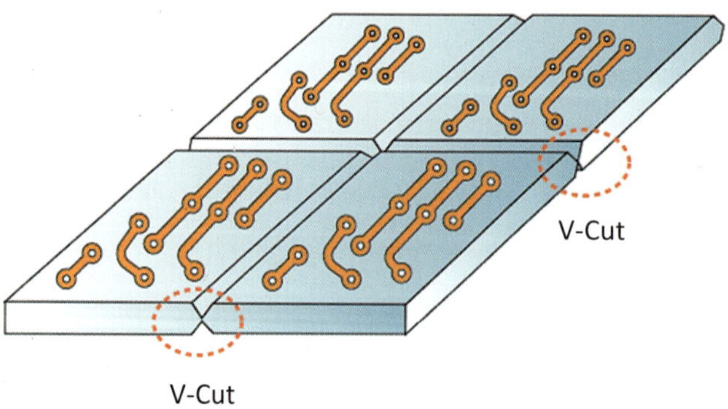

[그림 4.34] V-Cut 가공

V-Cut 가공에 영향을 미치는 중요한 요소는 패널의 두께, 재질, 위치 정밀도, 가공 정밀도 등이다. [그림 4.35]는 V-Cut 가공설비의 모습이다.

[그림 4.35] V-Cut 가공설비

4.12 검사 및 출하

PCB에 요구되는 품질은, ❶ PCB에 부품을 실장하여 조립할 때까지 문제가 없을 것, ❷ 조립한 전자기기가 설계한 그대로 동작할 것, ❸ 전자기기가 장기간 고장 없이 동작할 것(신뢰성) 등이다. ❶과 ❷의 문제는 전자기기의 제조업체에서 발견된다. 그리고 ❸의 문제는 소비자가 사용하는 도중에 '고장'으로 나타난다.

PCB 제조업체들은 위의 3가지 조건을 만족하는 제품을 만들기 위해 제조공정의 중간 단계는 물론, 완성된 PCB에 대해 다양한 검사를 실시한다. 여기에서는 PCB의 중요한 검사 방법들을 설명한다. 검사 방법에는 외관검사, AOI, BBT, 신뢰성 검사 등이 있다.

4.12.1 외관검사

[그림 4.36]은 PCB 배선에 발생되는 각종 외관 결함이다. 이러한 외관 결함은 제품의 가치를 떨어뜨릴 뿐만 아니라 신뢰성에 커다란 영향을 미친다. 외관 결함은 작업자가 눈으로 검사하거나, 10배 정도의 확대경을 사용하여 검사한다. 이를 통해서 모든 불량을 찾아낼 수는 없지만, 경험이 풍부한 작업자는 여러 종류의 결함을 쉽게 찾아낼 수 있다.

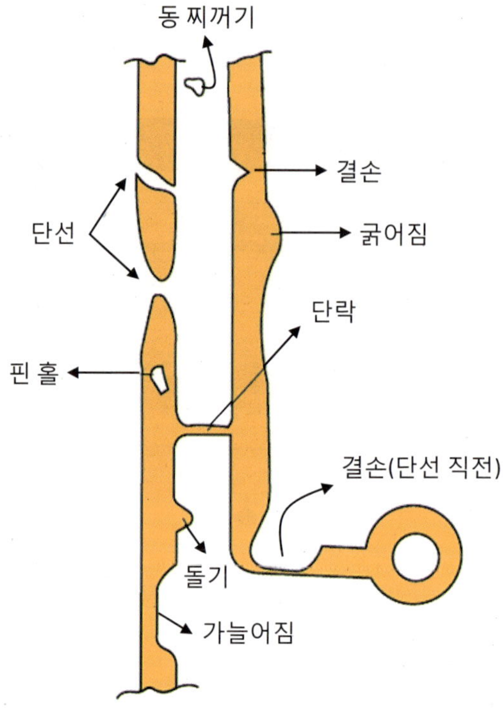

[그림 4.36] **배선에 발생되는 각종 결함들**

최근에 만들어지는 PCB는 배선 밀도가 높고 선폭이 매우 좁으므로 작업자가 눈으로 검사하기 어렵다. 이를 보완하기 위하여 AFVI 장치가 사용된다. 'AFVI'는 'Automatic Final Visual Inspection'의 약자로, 자동화된 '외관검사장치'라고 할 수 있다. AFVI는 CCD 카메라로 PCB의 표면을 촬영한 다음 화상 데이터를 분석하여 외관 불량을 검출한다. [그림 4.37]은 AFVI 장치의 모습이다.

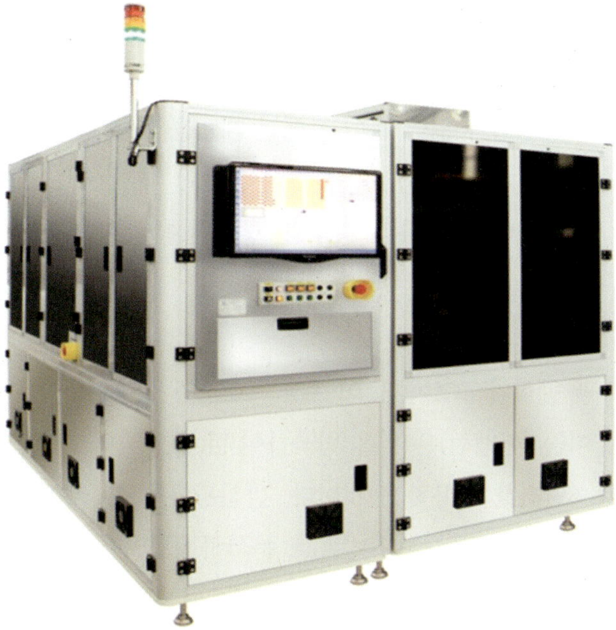

[그림 4.37] AFVI 장치의 모습

[그림 4.38]은 AFVI 장치에서 검출된 외관 불량의 예이다. 솔더 레지스트 표면에 생긴 긁힘, 패드 찌그러짐, 솔더레지스트나 금속의 찌꺼기 등 다양한 결함이 검출됨을 알 수 있다.

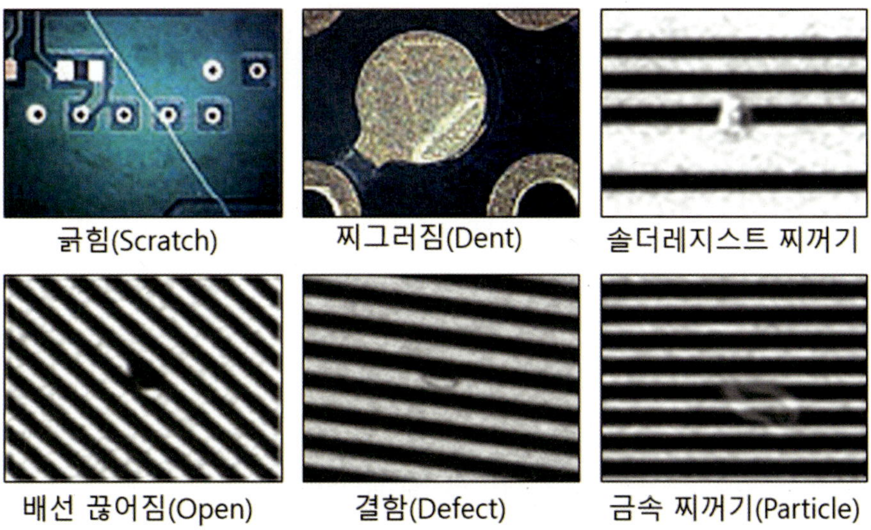

[그림 4.38] AFVI 장치에서 검출된 외관 불량

4.12.2 AOI

AOI는 영상 센서와 컴퓨터의 패턴 인식기술을 이용하여 자동으로 PCB의 외관을 검사하는 장비이다. AOI는 영상 센서가 읽어 들이는 배선 패턴을 기준 데이터와 비교하여 결함을 찾아낸다. AOI를 이용하면, 배선의 폭, 홀의 형태와 누락 여부, 랜드의 규격 등을 검사할 수 있다. AOI의 검사 방식에는 반사광 방식과 형광검출 방식이 있다.

반사광 방식

[그림 4.39]는 반사광 방식의 AOI이다. 이 AOI는 백색광을 PCB의 표면에 조사하고 반사되는 빛을 검출한다. 이는 동(배선)은 빛을 반사하여 밝게 인식되고, 절연층은 빛을 난반사하여 어둡게 인식되는 원리를 이용하는 것이다. 반사광은 CCD 카메라로 검출하며, 이를 영상 신호로 구성한 다음, 패턴인식 기법으로 분석하여 외관 결함을 찾아낸다.

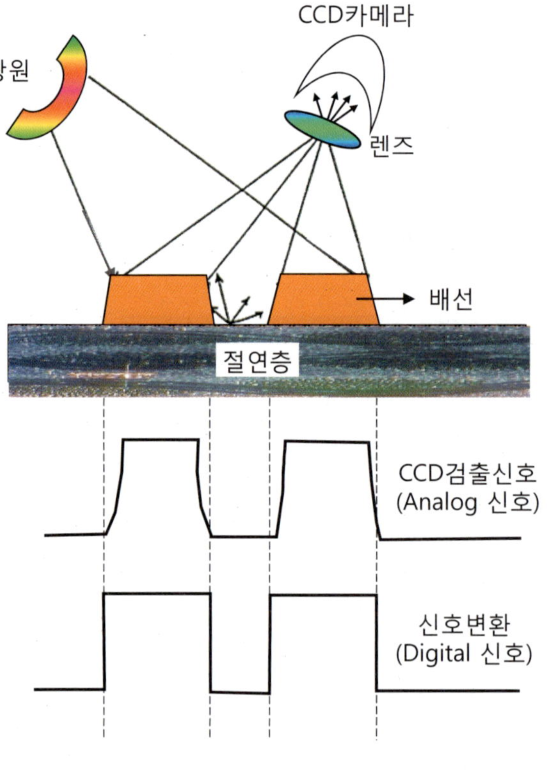

[그림 4.39] 반사광 방식의 AOI

이 방식은 PCB의 표면이 깨끗하지 않은 경우에는 올바른 검사가 어렵고, 영상을 배선의 위쪽에서 잡아내므로 미세한 단락(Micro Short)을 검출하기 어렵다.

형광검출 방식

[그림 4.40]은 형광검출 방식의 AOI이다. 이 AOI는 회전하는 다각거울(Polygon Mirror)로 PCB 표면에 레이저를 조사하여 절연층이 빛(형광)을 내도록 만들고, PMT(Photo Multiplier Tube)[32]로 검출한다. 따라서 형광검출 방식의 AOI에서 절연층은 밝게 인식되고, 배선은 어둡게 인식된다. 이는 반사광 방식의 AOI와는 반대이다. 이 방식은 미세한 단락은 검출할 수 있지만, 형광이 발생되지 않는 절연층을 사용한 PCB는 검사하기 어렵다.

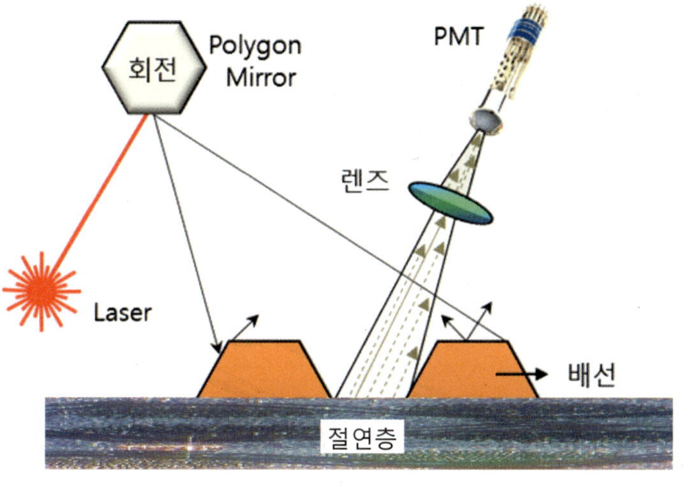

[그림 4.40] 형광검출 방식의 AOI

그밖에 'Substrate Illumination' 방식의 AOI가 있다. 이 AOI는 PCB의 아래쪽에서 빛을 조사하며, 빛이 배선은 투과하지 못하고, 절연층만 투과하므로 그에 따른 패턴을 검출한다. 이 AOI는 빛이 투과할 수 있는 플렉시블 PCB에 주로 사용된다.

4.12.3 BBT 검사

PCB 제조공정에서 가장 흔하게 발생하는 불량은 배선회로의 단선과 단락이다. 이러한 불량을 검출하기 위해 PCB 상의 모든 배선에 대해 전기적인 연결을 검사하며, 이를

32) 광 증폭소자이다.

BBT(Bare Board Testing)라 한다. BBT라는 용어는 부품을 실장하지 않은 'Bare Board'를 검사한다는 의미이다.

검사 원리

BBT는 배선의 연결정보를 바탕으로 배선의 저항을 측정하여 불량을 검출한다. 이는 연결된 배선에서는 수 [Ω] 정도의 낮은 저항이 측정되고, 끊어진 배선에서는 수 [MΩ]의 높은 저항이 측정되는 원리를 이용하는 것이다.

[그림 4.41]은 BBT의 검사 방법을 나타낸 것으로, 검사용 핀(Probe)[33]으로 배선의 두 지점에서 저항을 측정하고 있다. 그림에 ❶로 표시한 부분은 연결정보가 'Short'이다. 그런데 '단선 불량'이 발생하여 배선이 끊어져 있으므로 연결정보와는 달리 수 [MΩ]의 높은 저항이 측정된다. 그러면, BBT는 이를 불량으로 검출한다.

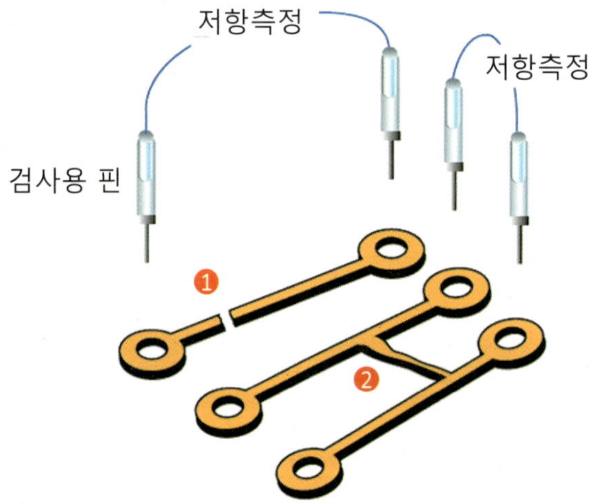

[그림 4.41] BBT의 검사 방법

그림에 ❷로 표시한 부분은 연결정보가 'Open'이다. 그런데 불량 때문에 배선이 연결되었으므로 연결정보와는 달리 수 [Ω] 정도의 낮은 저항이 측정된다. 그러면, BBT는 이를 '단락 불량'으로 검출한다.

BBT는 단락에 가까운 간격 불량, 끊어짐에 가까운 배선의 가늘어짐, 핀 홀, 독립된 동 찌꺼기와 같은 애매한 불량은 검출하지 못하는 단점이 있다. 이를 보완하기 위해 외관검사와 AOI 검사를 병행한다.

---

33) 검사용 핀은 PCB의 표면이 긁히는 것을 방지하기 위해 안쪽에 스프링을 연결하여 탄성을 갖도록 만든다.

BBT의 종류

BBT는 검사용 핀을 기준으로 종류를 구분하며, 고정 핀 방식, 조립 핀 방식, 전용치구+조립 핀 방식이 있다. 그밖에 핀을 이동하면서 검사하는 이동 핀 방식도 있다.

❶ 고정 핀 방식

가장 많이 사용되는 BBT의 방식으로, 기본격자 고정핀 방식(Universal Type)과 전용치구 방식(Dedicate Type)이 있다. 기본격자 고정핀 방식은 간격이 2.54mm인 기본격자[34]에 핀을 고정시켜 두고, 검사에 사용할 핀만 배선과 접촉시켜 배선을 검사한다. 이를 위해 검사할 PCB의 배선에 맞춰 구멍을 뚫은 '차폐용 종이(Masking Sheet)'를 사용한다.

[그림 4.42]는 기본격자 고정핀 방식의 검사 원리이다. PCB의 아래에 차폐용 종이가 놓여 있고, 그 아래에는 검사용 핀이 일정한 간격으로 설치되어 있다. 그러면, 차폐용 종이에 구멍이 뚫린 곳에서만 핀과 배선이 접촉하면서 검사가 이루어진다.

기본격자 고정핀 방식은 간단한 차폐용 종이를 사용하므로 다품종, 소량의 PCB를 검사하는 데 적합하다. 반면에 검사용 핀이 격자에 고정되어 있으므로 이를 벗어난 위치는 검사하기 어렵다.

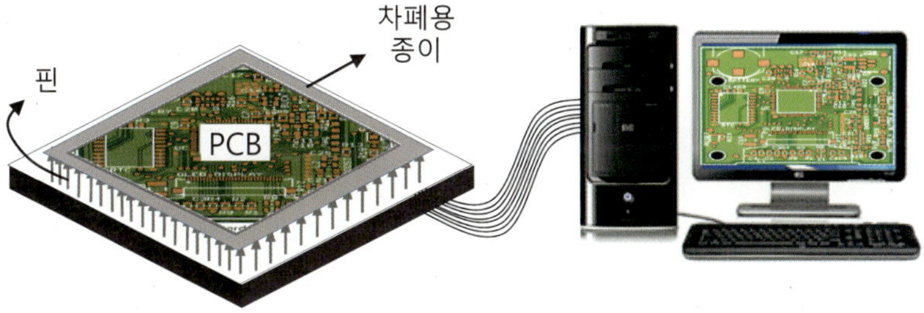

[그림 4.42] 기본격자 고정핀 방식

전용치구 방식은 검사할 PCB의 배선에 맞추어 치구를 제작하고, 거기에 검사용 핀을 조립하는 방식이다. 이 방식은 치구의 제작비용과 시간이 필요하지만, 배선을 모두 검사할 수 있는 장점이 있다. 전용치구 방식은 비용 부담이 적은 양산용 PCB에 주로 사용된다.

34) 검사용 핀을 꽂을 수 있는 구멍(치구)이 격자를 따라 만들어져 있다.

❷ 조립 핀 방식

기본격자 고정핀 방식과 전용치구 방식의 장점을 활용한 방식이다. 즉, 검사하려는 PCB에 맞춰 기본격자에 검사용 핀을 조립하여 전용치구를 만드는 것이다.[35] 핀을 재사용할 수 있어 비용이 저렴하다. 다만, 검사할 배선의 간격이 기본격자보다 좁은 PCB는 검사할 수 없다.

❸ 전용치구+조립 핀 방식[36]

부품이 많이 실장되어 배선이 많은 부품면은 전용치구를 제작하고, 납땜면은 조립 핀 방식의 치구를 만드는 방식이다. 이는 PCB의 부품면은 전용치구가 필요하지만 납땜면은 상대적으로 검사할 핀의 수가 적은 점을 감안하여 효율성을 높인 방식이다.

❹ 이동 핀 방식

1개의 프로브를 배선회로를 따라 이동시키면서 배선을 검사하는 방식이다. 'Flying Probe' 방식이라고도 한다. 치구가 필요 없다는 장점은 있지만, 검사에 시간이 많이 걸리고, 프로그램을 만들어야 하는 단점이 있다. 단순한 PCB를 검사할 때 효과적이다. 1개 이상의 프로브를 동시에 사용하여 작업 속도를 높이기도 한다. [그림 4.43]은 이동 핀 방식으로 PCB를 검사하는 모습이다.

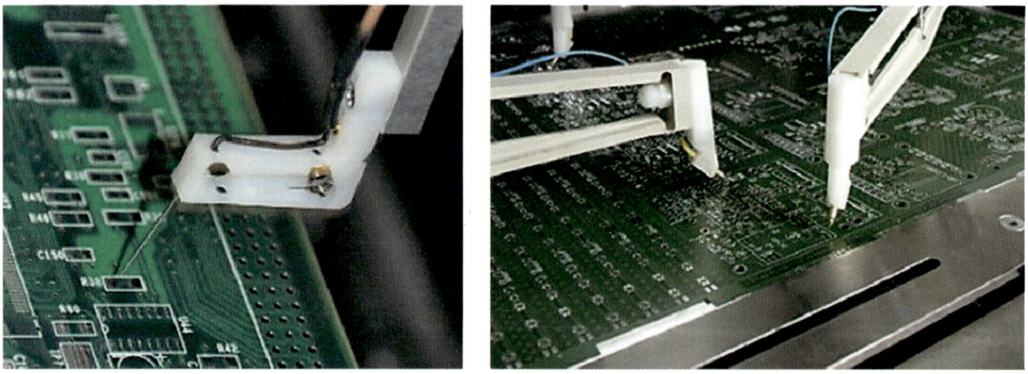

[그림 4.43] **이동 핀 방식**

35) 사용하지 않는 격자에는 핀을 꽂지 않는다.
36) 주로 양면 PCB에 적용하는 방식이다.

4.12.4 신뢰성 검사

신뢰성 검사는 완성된 PCB를 사용할 때 발생할 수 있는 불량을 미리 검출하는 검사이다. 즉, 전자기기가 설계된 수명시간 동안 동작하는지를 검사하는 것이다. 그런데, 몇 년이 넘는 수명시간 동안 전자기기를 작동시키면서 신뢰성을 검사할 수는 없다. 이 때문에 기기가 사용되는 환경보다 가혹한 조건에 제품을 노출시키는 '가속시험'으로 신뢰성을 검사한다.

신뢰성 검사에 적용되는 환경조건은 온도, 습도, 진동, 설치장소, 연속 사용시간 등이다. 신뢰성 검사를 통과한 전자기기는 설계된 수명시간 동안 정상적으로 동작할 것을 보증할 수 있다.

가속시험에는 온도 가속시험, 온/습도 가속시험 등이 있다. 온도 가속시험에서는 예를 들어 PCB를 -65℃로 냉각하고, 다시 125℃로 가열하는 동작을 반복한 다음, 배선의 저항 변화와 단선과 같은 불량의 발생률을 산출하여 신뢰성을 평가한다.[37)]

온/습도 가속시험에서는 예를 들어 90% 이상의 높은 습도를 유지하면서 온도를 25~65℃로 변화시키는 동작을 반복하고, 마찬가지로 배선의 저항 변화와 단선과 같은 불량의 발생률을 산출하여 신뢰성을 평가한다.

37) PCB 종류별로 신뢰성 검사를 위한 가속시험 및 평가기준이 만들어져 있다.

셀프테스트
Self Test

chapter 04

1 CCL을 재단한 다음, 절단면을 부드럽게 만드는 작업을 나타내는 용어는 무엇인가?

① 면취 ② 정면

③ 소잉 ④ 마킹

2 1m 내외의 CCL을 재단하여 작업용 크기로 잘라내며, 이를 ( )이라고 한다.

3 PCB의 단자 부분을 칼날 모양으로 가공하는 작업을 나타내는 용어는 무엇인가?

① 재단 ② 정면

③ 소잉 ④ 면취

4 다음 중에서 '정면'의 목적이 아닌 것은 무엇인가?

① 지문이나 기름 제거 ② 단선 및 단락 불량 방지

③ 거칠기(Roughness) 만들기 ④ D/F 밀착력 향상 ⑤ 노광 특성 향상

5 액상 감광재는 얇은 감광층을 만들 수 있어 미세한 배선을 가공할 때 유리하다. (○, ×)

6 액상 감광재는 점성이 높으므로 코팅 후 건조할 필요가 없다. (○, ×)

7 마스터 필름과 음영이 반대로 되는 감광재는 (포지티브, 네거티브) 포토레지스트이다.

8 역할을 다한 부식레지스트를 제거하는 작업을 무엇이라 하는가? ( )

9 감광층은 배선을 형성할 때 부식레지스트로 작용한다. (○, ×)

10 양산성이 높은 (수직식, 수평식) 부식장치가 많이 사용된다.

11 다음 중에서 스크린 인쇄와 관련 있는 용어가 아닌 것은 무엇인가?

① 제판 ② 메쉬 ③ 인장력
④ 브러시 ⑤ 감광유제 ⑥ 스퀴지

12 다음은 솔더레지스트에 관한 설명이다. 틀린 것은 무엇인가?

① 땜납에 의한 접속 방지 ② PCB 표면을 덮는 피막
③ 부식액으로부터 동박 보호 ④ 배선을 보호하는 피막

13 PCB 표면에 인쇄된 문자나 심벌을 무엇이라 하는가? (　　　　　　　)

14 다음 중에서 표면처리의 목적이 아닌 것은 무엇인가?

① 패드의 산화 방지 ② 거칠기 만들기
③ 납땜성 향상 ④ 전도성 향상

15 표면처리를 위한 무전해 금도금에서 니켈의 역할이 아닌 것은 무엇인가?

① 금이 동박 속으로 확산되는 것을 막는다
② 경도를 높여 준다
③ 원가를 낮춰준다
④ 도전성을 높여준다

16 다음 중에서 단자도금 할 때 금의 경도를 높이기 위해 첨가하는 원소는 무엇인가?

① 코발트 ② 인
③ 주석 ④ 은

17 양산용 제품에 적용하는 PCB의 외형가공 방법은 (라우터 가공, 프레스 가공)이다.

18 (BBT, AOI, DRC)는 영상 센서와 패턴 인식기술로 배선의 외관을 검사하는 방법이다.

19 BBT는 검사를 위해 배선의 (저항, 전압, 전류)를(을) 측정한다.

20 시간과 비용이 많이 필요한 BBT 검사 방식은 (고정핀 방식, 전용치구 방식)이다.

21 다음 중에서 차폐용 종이를 사용하는 BBT 검사 방식은 무엇인가?

① 기본격자 고정핀 방식 ② 전용치구 방식
③ 조립 핀 방식 ④ 이동 핀 방식

22 신뢰성을 평가하기 위해 일반적인 환경보다 가혹한 조건에 PCB를 노출시키는 시험방법을 무엇이라 하는가? (   )

Chapter

05

양면 PCB의 제조공정

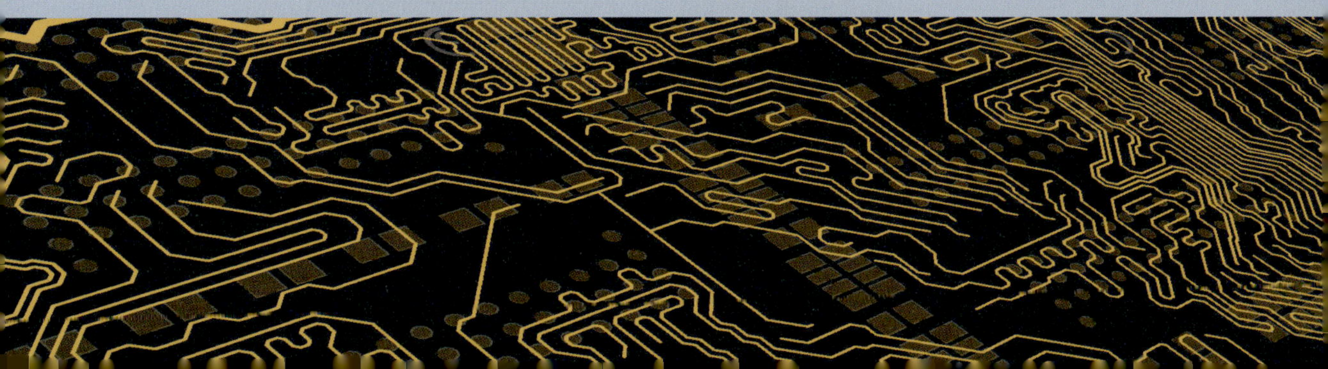

양면 PCB는 단면 PCB에 비해 다음 3가지의 공정이 추가된다.

- 양면 CCL 사용
- 비아홀 가공 및 홀 도금
- 배선의 형성(양면)

양면 PCB는 양면, 즉 부품면과 납땜면[1]에 배선을 형성하기 위해 양면 CCL을 사용한다. 또한 단면 PCB와 달리 비아홀을 가공하고, 도금하여 양면의 배선을 연결한다. 양면 PCB는 배선을 형성할 때 '홀 도금'을 보호해야 하며, 이를 위해 패턴도금법 또는 패널도금법을 이용해 배선을 형성한다.

[그림 5.1]은 양면 PCB의 단계별 제조공정이다. 그림에서 각 단계에 표시한 숫자는 해당 공정을 설명한 장과 절의 번호이다. 그림에 연두색으로 표시한 단계들이 양면 PCB를 제조하기 위해 추가되는 공정이다. 5장에서는 이 공정들을 중심으로 양면 PCB의 제조공정을 설명한다.

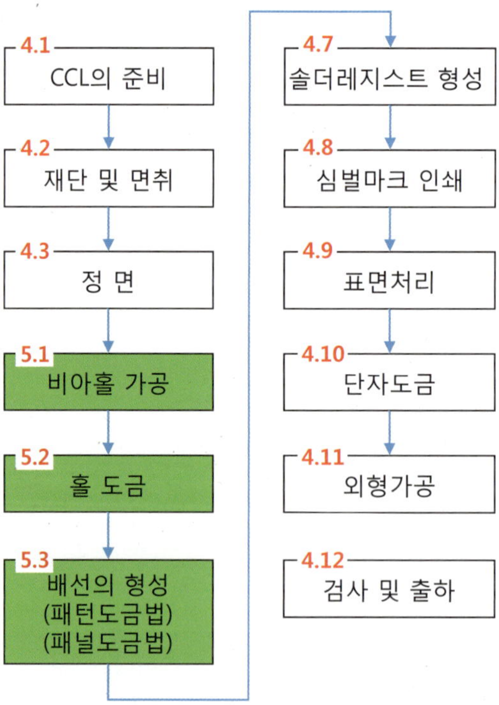

[그림 5.1] 양면 PCB의 제조공정

1) 부품면은 'Top Layer'로, 납땜면은 'Bottom Layer'로도 표시한다.

5.1 비아홀 가공

[그림 5.2]는 양면 PCB의 단면 구조이다. 이 양면 PCB는 부품면과 납땜면에 배선이 형성되어 있고, 배선을 연결하는 두 개의 비아홀이 가공되어 있다. 그림에 보인 비아홀은 관통홀로 가공되었고, 홀의 내벽도 도금되어 있다. 또한 녹색의 솔더레지스트가 양면에 덮여 있다. 그림에서 보듯이 양면 PCB는 비아홀이 없으면 만들 수 없다.

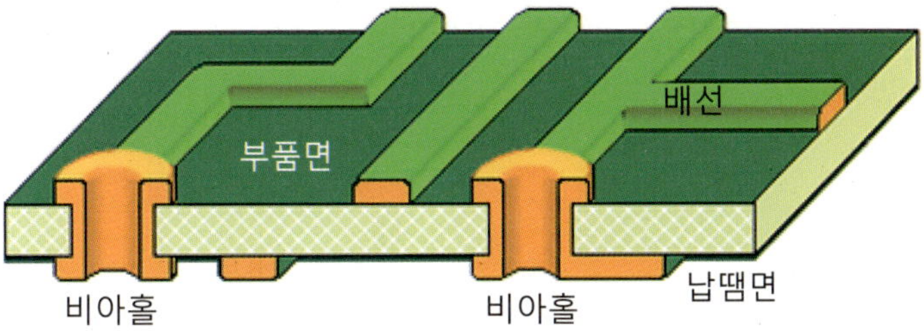

[그림 5.2] 양면 PCB

[그림 5.3]은 비아홀의 가공 과정이다. 먼저 작업에 필요한 부자재들을 재단한다. 이어서 CNC 드릴[2]로 비아홀을 가공하고, 오염과 잔류물을 제거하는 디버링(Deburring) 및 디스미어(Desmear)를 행한다. [그림 5.3]의 순서에 따라 비아홀의 가공 과정을 알아보자.

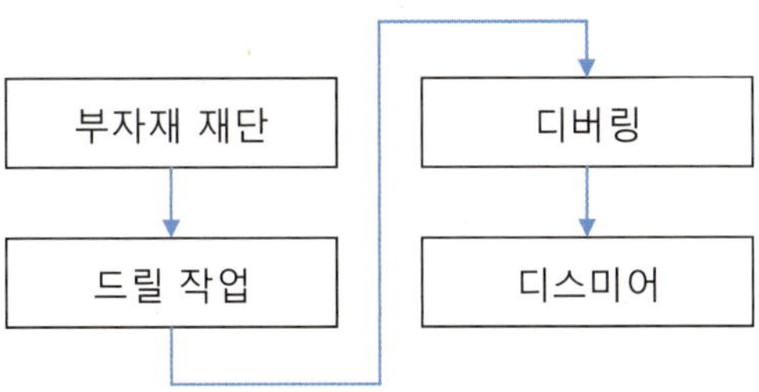

[그림 5.3] 비아홀의 가공 과정

2) 1장 ~ 4장에서는 '드릴(Drill)'이라는 용어를 사용하였다. 현장에서는 'CNC 드릴'이라는 용어를 더 많이 사용한다. 'CNC'는 'Computerized Numerical Control'의 약자로, 'CNC 드릴'은 컴퓨터로 제어하는 드릴 장치를 의미한다.

5.1.1 부자재 재단

비아홀 가공에 사용되는 부자재에는 엔트리 보드(Entry Board)와 백업 보드(Back-up)가 있다. 이들을 패널과 동일한 크기로 재단한다. [그림 5.4]는 비아홀을 가공하는 모습으로, 패널의 위쪽은 엔트리 보드를 덮고, 아래쪽에는 백업 보드를 놓았다.

엔트리 보드는 [그림 5.4]와 같이 패널 위를 덮는 판으로, 0.1~0.15mm의 알루미늄 호일이 주로 사용된다. 엔트리 보드는 드릴 비트(Drill Bit)에 가해지는 충격을 완화하고, 비아홀 주위에 거스러미(Burr)가 발생하는 것을 방지한다. 또한, 작업 중에 발생하는 열을 흡수하여 드릴 비트의 수명을 연장하고, 비아홀 내벽의 온도를 낮추어 스미어(Smear)[3]의 발생을 줄인다.

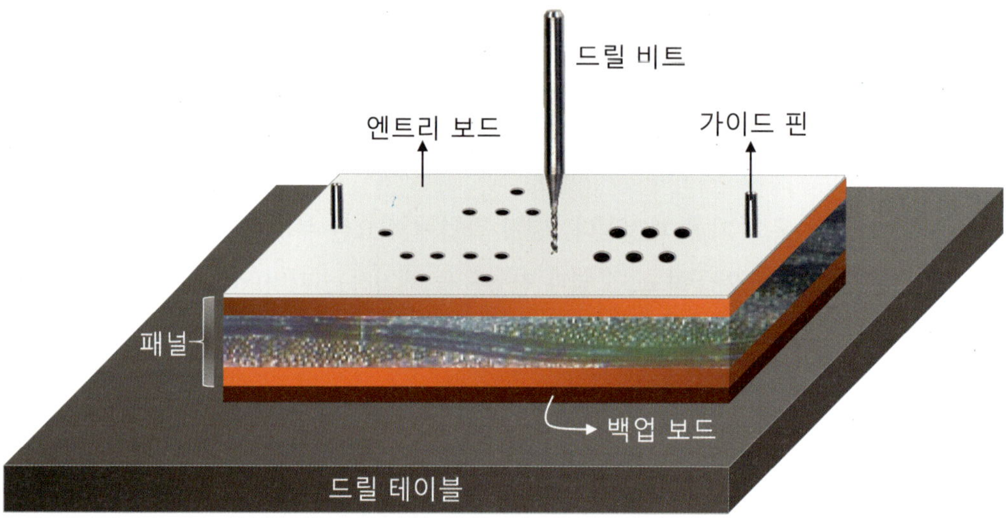

[그림 5.4] **엔트리 보드와 백업 보드**

드릴 비트의 수명은 엔트리 보드의 재질에 영향을 받으며, 적절한 소재를 선택하면, 1만 번 내지 2만 번 이상 사용할 수 있다. 알루미늄 호일 대신에 크린 시트(Clean Sheet)라는 특수 종이를 사용하기도 한다. 크린 시트는 드릴 비트에 부착된 절삭가루가 홀 안에 남지 않도록 하고, 드릴 비트의 날 끝을 깨끗하게 만드는 특징이 있다.

백업보드는 [그림 5.4]와 같이 패널 아래에 놓이며, 드릴 비트가 패널을 관통할 때 드릴 비트를 보호한다. 백업 보드로는 멜라민과 알루미늄 적층판이 많이 사용된다. 플렉시블 PCB를 가공할 때는 페놀 재질의 백업보드를 사용하기도 한다.

3) 드릴 비트가 회전할 때 생기는 열에 의해 절연층의 에폭시 수지가 녹아서 생기는 잔류물이다.

5.1.2 드릴 작업

작업 준비

드릴 작업을 위해 [그림 5.4]와 같이 패널을 가이드 핀(Guide Pin)에 끼워 고정시킨다.[4] 이렇게 하면, 모든 패널이 일정한 위치에 놓이므로 비아홀을 정확한 위치에 가공할 수 있다. 이를 정렬(Alignment)이라 한다. 또한 가이드 핀을 이용해 여러 장의 패널을 쌓아 놓고 한 번에 작업함으로써 생산성을 높인다. 백업 보드-패널(여러 장)-엔트리 보드의 순서로 가공할 자재들을 일정한 위치에 쌓아 고정시키는 준비 작업을 'Stacking'이라 한다.

CNC 드릴

'Stacking'이 완료되면, 'CNC 드릴' 장비로 비아홀을 가공한다. 이 장비는 드릴 데이터[5]를 이용해 CNC(Computerized Numerical Control) 방식으로 비아홀을 가공한다. CNC 드릴은 가공 축이 하나인 '1축기(단축기)'로부터 16축기까지 다양한 종류가 있다. 일반적으로는 6축 이상의 다축기가 많이 사용된다.

CNC 드릴은 드릴 비트를 고속으로 회전시키면서 패널이 놓인 드릴 테이블을 X, Y방향으로 움직여 비아홀을 가공한다. PCB의 가공 정밀도가 높아지면서 비아홀의 크기는 더욱 작아지고, 패널 당 홀의 수도 증가하고 있다. 이에 대응하여 회전속도를 300,000 rpm 이상으로 높이고, 드릴 테이블의 이동속도를 높인 CNC 드릴 장비가 사용된다. [그림 5.5]는 6개의 가공 축을 가진 '6축 CNC 드릴'이다.

[그림 5.5] CNC 드릴

4) 패널에는 이를 위해 미리 가이드 홀(Guide Hole)을 가공해 둔다.
5) 홀의 크기와 위치 및 수량에 관한 데이터이다.

[그림 5.6]은 드릴 비트이다. CNC 드릴은 가공할 비아홀의 크기에 따라 드릴 비트를 자동으로 선택하면서 비아홀을 가공한다.

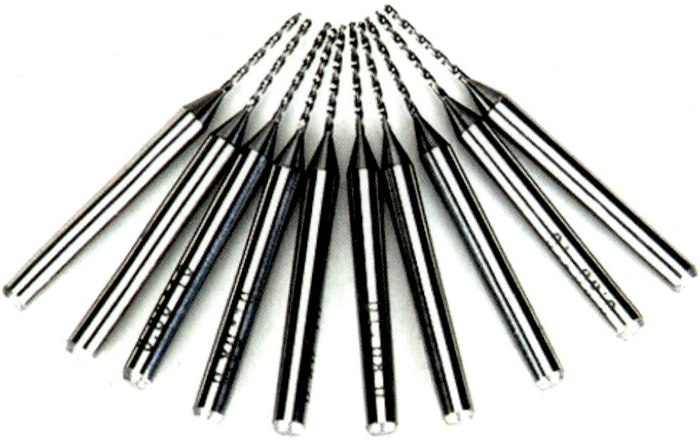

[그림 5.6] 드릴 비트

비아홀 가공

[그림 5.7]은 CNC 드릴 장비에서 비아홀을 가공하는 모습이다. 각각의 가공 축 아래에 패널들이 놓여 있다. 패널들 위에는 알루미늄 재질의 엔트리 보드가 덮여있다.

[그림 5.7] 비아홀 가공

비아홀은 정확한 위치에 수직으로 가공해야 배선들을 연결할 수 있다. [그림 5.8]은 비아홀이 가공된 모습으로, 왼쪽의 것은 수직으로 가공되었고, 오른쪽의 것은 기울어져 있다. 기울어진 비아홀의 경우, 홀과 배선이 어긋나면서 '단락 불량(Open)'이 발생된다.

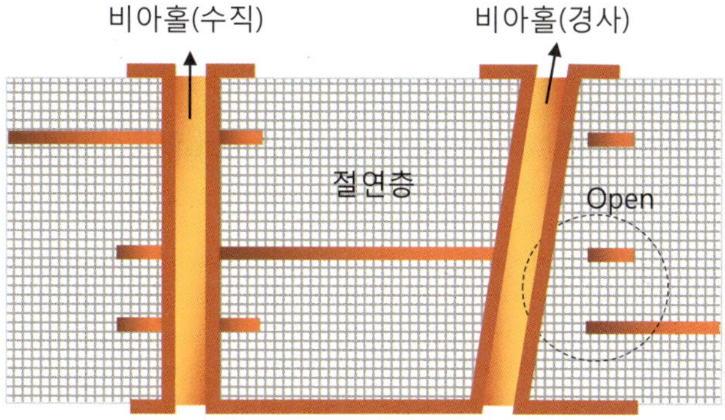

[그림 5.8] **정확한 비아홀 가공의 필요성**

패널에 가공되는 홀에는 전기적인 연결을 위한 비아홀 이외에 전자부품을 삽입하기 위한 홀(부품홀)도 있다. 비아홀은 전기적인 연결을 위한 것이므로 직경이 매우 작다.[6)] 반면에 부품홀은 부품의 리드(Lead)가 삽입되어야 하므로 직경이 상대적으로 크다.

5.1.3 디버링

드릴 비트가 패널의 동박과 절연층을 뚫을 때 재료들이 떨어져 나가면서 거스러미(Burr)와 찌꺼기가 생긴다. 이를 제거하는 공정을 'Burr'를 제거한다는 의미로 '디버링(Deburring)'이라 한다. 디버링의 또 다른 목적은 동박의 표면에 거칠기를 만들어 홀 도금 공정에서 동의 밀착력을 높이는 것이다.

[그림 5.9]의 (a)는 거스러미가 발생된 비아홀이다. 이 비아홀을 디버링 하면, 그림 (b)와 같이 홀 주변의 거스러미와 찌꺼기가 제거된다.

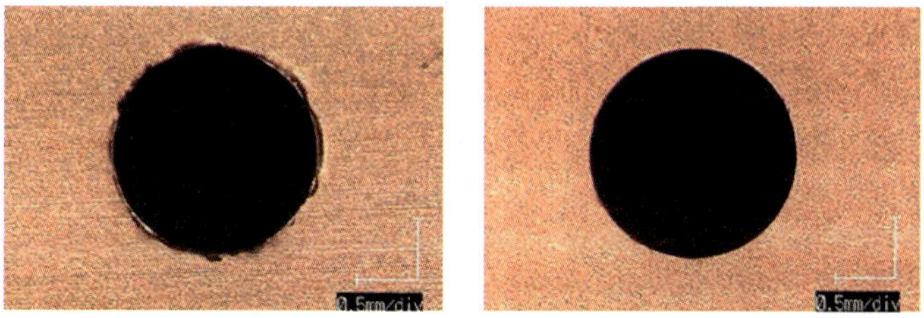

(a) (b)

[그림 5.9] **디버링**

6) CNC 드릴 장비로 가공할 수 있는 홀의 최소 크기는 현재로는 150㎛ 내외이다. 100㎛ 이하의 홀을 가공하는 경우에는 레이저 드릴을 이용한다.

디버링은 '브러시 연마 → 고압 수세'의 순서로 이루어진다. 먼저 회전하는 브러시로 패널의 표면을 연마하여 홀 주변의 거스러미를 떼어내고, 고압수세[7]로 제거한다. 다음으로 스펀지 롤러와 에어 나이프(Air Knife)를 이용해 수분을 제거하고, 건조한다.

5.1.4 디스미어

비아홀을 가공할 때 드릴 비트는 분당 수만~수십만 번 회전하므로 많은 열이 발생한다. 이 열로 인해 절연층의 에폭시 수지가 녹아 홀의 내벽에 부착되며, 이를 스미어(Smear)라 한다. 스미어는 홀 도금의 품질을 떨어뜨리므로 반드시 제거되어야 한다. 이 작업을 스미어(Smear)를 제거한다는 의미로 디스미어(Desmear)라 한다.

스미어를 줄이려면, 열을 빨리 방출하는 것이 중요하다. 이를 위해 방열 효과가 좋은 알루미늄 호일을 엔트리 보드로 사용하고, 작업 중에 발생하는 절삭가루를 빠르게 배출한다. [그림 5.10]의 (a)는 스미어가 발생된 비아홀의 내벽이다. 이 비아홀을 디스미어 하면, 그림 (b)와 같이 스미어가 제거되어 홀 내벽이 깨끗해진다.

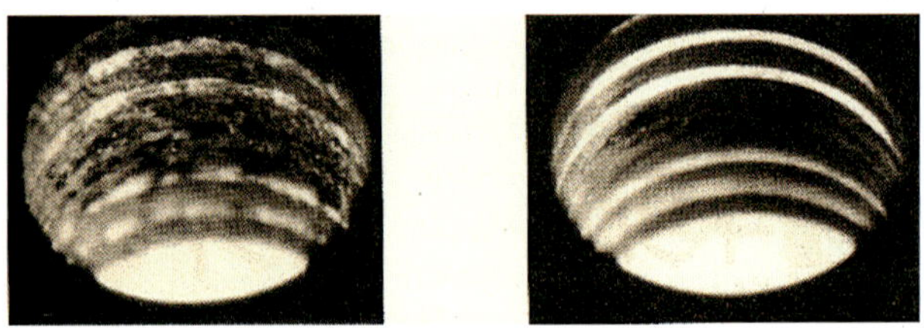

(a) (b)

[그림 5.10] 디스미어

스미어를 제거하는 가장 간단한 방법은 연마제와 물을 일정 비율로 혼합하고, 높은 압력으로 홀 안에 뿌리는 것이다. 다른 방법으로 70 kg/cm^2 이상의 고압으로 물을 분사하는 고압 세정기를 사용하기도 한다. 이 방법은 물을 사용하므로 패널이 손상될 염려가 적다.

위에서 설명한 단순한 방법으로는 스미어를 완전히 제거할 수 없으며, 화학약품과 수세를 병행하는 것이 효율적이다.[8] [그림 5.11]은 디스미어의 처리 과정이다.

---

7) 수압이 70~90Kg/cm^2 정도이다.

8) 불화탄소(CF_4) 가스를 방전시켜 만든 플라즈마로 스미어를 제거하는 방법도 있다.

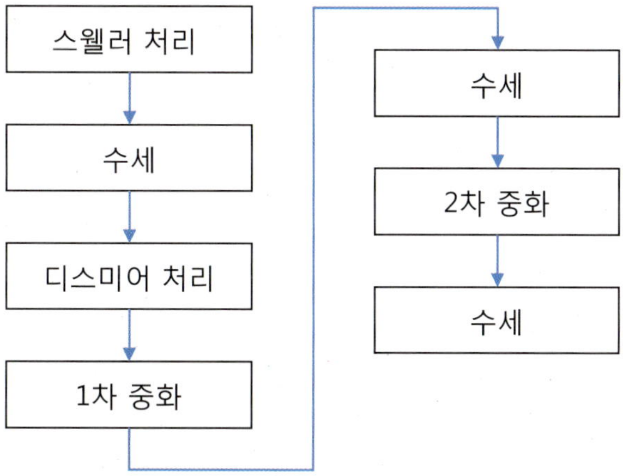

[그림 5.11] 디스미어의 처리 과정

스웰러(Sweller) 처리

스미어를 팽윤(Swelling)[9)]시켜 떼어내기 쉽게 만드는 작업이다. 이를 위해 솔벤트(Solvent) 성분의 컨디셔너(Conditioner)를 사용한다.

디스미어 처리

디스미어 약품을 이용해 부풀려진 스미어를 제거하는 작업이다. 이때 홀의 벽면도 미세하게 부식되며, 이는 동 도금을 할 때 동 이온의 밀착성을 높여 준다. 디스미어 약품으로는 황산(H_2SO_4), 크롬산, 과망간산 등이 사용된다.

중화

디스미어 반응의 부산물(남은 약품, 슬러지)들을 황산을 이용해 중화(Neutralization)한다. 이렇게 하면 부산물들을 수세할 수 있다. 중화는 2차에 걸쳐 수세와 함께 실시한다.

9) 부풀림을 뜻한다.

5.2 홀 도금

홀의 내벽은 절연체이므로 동을 도금해야 양면의 배선이 전기적으로 연결된다. [그림 5.12]의 (a)는 도금하기 전의 비아홀이고, 그림 (b)는 도금 후의 비아홀이다. 도금에 따른 홀 내벽의 차이를 확인할 수 있다.

(a) (b)

[그림 5.12] **홀 도금**

홀 벽면은 절연체이므로 전기도금을 할 수 없다. 이 때문에 먼저 전기가 필요 없는 무전해 동도금(Electroless Copper Plating)을 실시한다. 무전해 동도금 피막이 생기면, 이를 이용해 전기 동도금(Electro Copper Plating)[10]을 실시한다. 즉, 홀 도금은 '무전해 동도금 → 전기 동도금'의 순서로 이루어진다. 이 방식으로 홀 도금을 하면, 홀의 내벽은 물론 패널의 표면 등 전체가 도금된다. 이런 의미에서 이를 '패널도금[11]'이라고 한다.

5.2.1 무전해 동도금

무전해 동도금은 전기 없이 촉매(Catalyst)를 이용하는 도금 방식이다. 무전해 동도금은 두껍게 도금하기 어렵고, 물성도 전기 동도금보다 나쁘다. 이 때문에 전기 동도금을 추가해야 홀 도금이 완성된다. 무전해 동도금을 '1차 동도금'이라고 하고, 전기 동도금은 '2차 동도금'이라 한다. 이는 무전해 동도금이 초벌 성격의 도금임을 나타낸다.

[그림 5.13]은 무전해 동도금의 처리 과정이다. 무전해 동도금이 끝나면, 양면 PCB의 배선들이 홀을 통해 전기적으로 연결된다.

---

10) '전해 동도금'이라는 용어도 사용한다.
11) '5.3.1절'의 패널도금법은 바로 이 패널도금 후에 배선을 가공하는 방법이다.

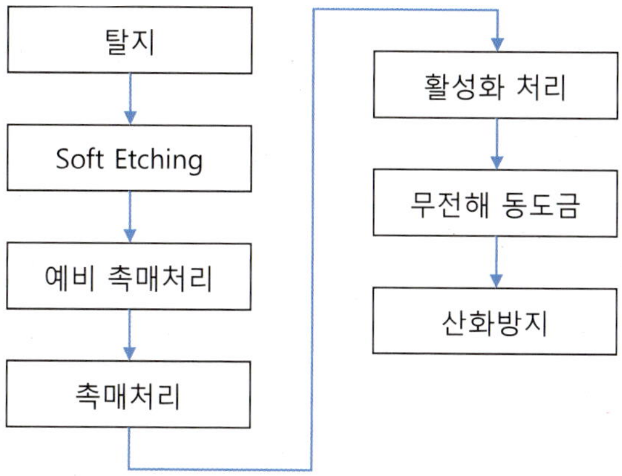

[그림 5.13] **무전해 동도금의 처리 과정**

탈지(Acid Cleaning)

동박 표면의 산화물이나 이물질, 특히 유지분 등을 산 또는 알칼리의 계면 활성제(Wetting Agent)가 포함된 약품으로 제거한다. 작업 후 계면 활성제를 완전히 수세해야 한다.

Soft Etching

동박 표면에 미세한 거칠기를 만들어 동 입자가 균일하게 밀착되도록 한다.

예비 촉매처리(Pre–Catalyst)

촉매처리에 앞서 1~3[%]로 희석한 낮은 농도의 촉매 약품에 패널을 담근다. 그러면, 다음 단계의 '촉매처리'에서 약품이 오염되거나 농도가 변하는 것을 막을 수 있다. 또한 같은 성분의 약품을 미리 접촉시킴으로써 촉매처리를 활성화하는 효과도 있다.

촉매처리(Catalyst)

패널을 촉매 약품에 담가 홀 내벽에 촉매를 부착시킨다. 촉매로는 Pd-Sn(팔라디움-주석) 화합물이 사용된다.

활성화(Accelerator)

활성제로 Pd-Sn을 이온화시켜 홀 내벽에 팔라디움 이온(Pd^{-2})을 남기고, Sn을 떼어낸다. 그러면, 팔라디움 이온이 촉매로 작용하면서 동 이온(Cu^{+2})을 끌어당겨 결합한다.

활성화에서는 팔라디움과 떨어져 나온 Sn을 제거하는 여과 시스템(Filtering System)이 필요하다.

무전해 동도금

무전해 동도금 용액은 황산동($CuSO_4$), 포르말린(HCHO), 수산화나트륨(NaOH) 및 기타 안정제로 이루어져 있다. 동 이온은 황산동으로부터 공급된다. 도금의 반응식은 다음과 같다.

$$CuSO_4 + 2HCHO + 4NaOH \rightarrow Cu + 2HCO_2Na + 2H_2O + Na_2SO_4 + H_2$$

[그림 5.14]는 팔라디움의 촉매 작용이다. 동 이온은 'Cu^{+2}'로, 전자가 2개 부족한 상태이고, 팔라디움 이온은 'Pd^{-2}'로, 전자가 2개 남는 상태이다. 홀 벽면에 붙어 있는 팔라디움 이온은 극성이 다른 동 이온을 끌어당긴다. 그 결과 동 이온이 팔라디움 이온으로부터 2개의 전자를 받아 환원된다, 즉, 동 이온이 동 입자(Cu)가 되며, 이 동 입자가 홀 내벽에 붙으면서 도금이 진행된다.

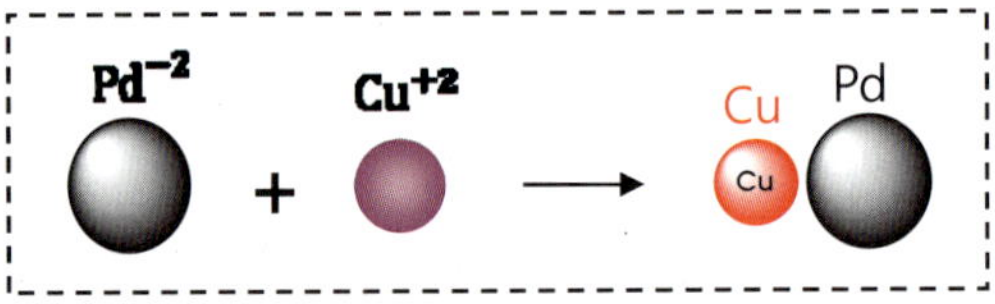

[그림 5.14] 팔라디움의 촉매 작용

[그림 5.15]는 무전해 동도금의 과정으로, 검은색 입자는 팔라디움 이온이고, 보라색 입자는 동 이온이다. 그림을 보면, 팔라디움 이온이 동 이온을 끌어당겨 결합이 일어나고 있다. 그 결과 붉은 색으로 나타낸 동 입자가 생성되면서 홀 내벽이 도금되고 있다.

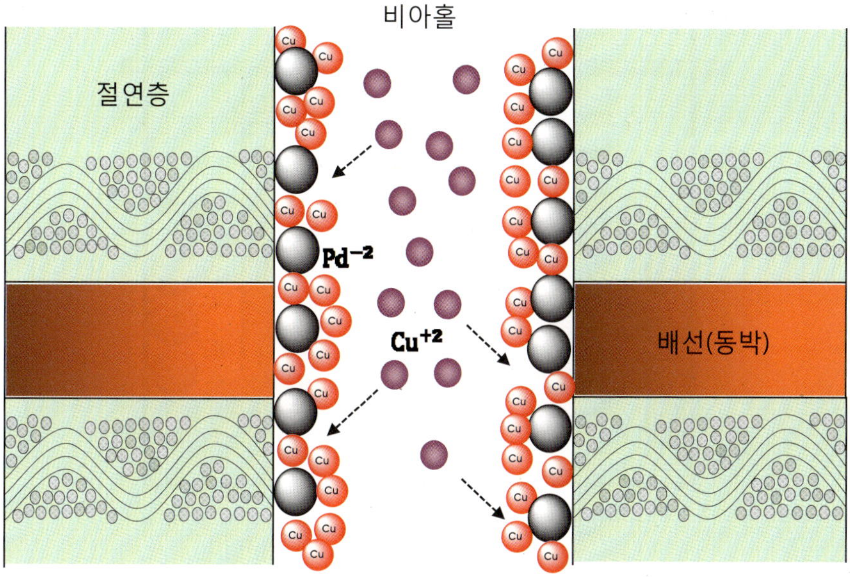

[그림 5.15] **무전해 동도금의 과정**

▌산화방지(Anti-Oxide)

무전해 동도금 과정에서 사용된 알칼리 성분으로 인해 도금 피막이 산화되는 것을 방지해야 한다. 이를 위해 산화방지 약품을 코팅한다.

5.2.2 전기 동도금

전기 동도금은 패널에 직류 전압을 인가하여 동을 도금하는 방식이다.12) 전기 동도금은 도금 피막의 물성이 무전해 동도금보다 우수하고, 도금 속도가 빨라 두껍게 도금하기도 쉽다. [그림 5.16]은 전기 동도금의 원리이다. 패널에는 (-) 전압이, 동의 공급원인 애노드 볼(Anode Ball)에는 (+) 전압이 각각 인가되어 있다. 그림에서 'Air Agitation(공기 교반)'은 용액 내에 공기를 불어 넣어 동 이온의 생성을 촉진하고, 생성된 동 이온을 용액 내에 골고루 퍼지게 한다.

12) 전기 동도금의 특성을 높이기 위해 직류 대신에 펄스 전압을 이용하는 방식도 있다.

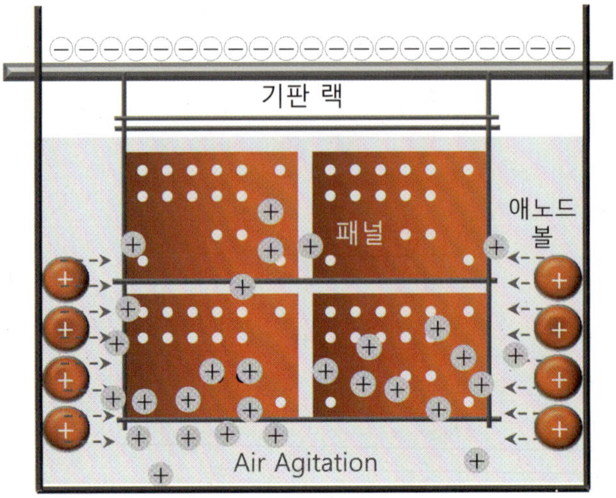

[그림 5.16] **전기 동도금의 원리**

전기 동도금 용액은 무기약품인 황산동($CuSO_4$), 황산(H_2SO_4), 염산(HCl) 및 유기약품인 첨가제로 이루어져 있다. 첨가제는 광택제(Brightener), 평활화제(Leveller) 등이다. 황산은 전기 동도금 용액의 전기 전도도를 조절하고, 애노드 볼을 녹인다. 황산동은 일차적으로 동 이온(Cu^{+2})을 공급하고, 도금액의 전도도를 조절한다. 염산은 도금 속도를 제어하고, 광택제는 도금 반응을 촉진하여 광택 있는 도금 표면을 만든다. 평활화제는 볼록하게 튀어나온 부분에만 도금이 집중되지 않도록 하여 균일한 도금이 이루어지도록 한다.

전기 동도금은 황산동 및 애노드 볼로부터 동 이온(Cu^{+2})이 만들어지는 '산화 반응'과 동 이온이 패널에 도금되는 '환원 반응'에 의해 이루어진다. 전기 동도금의 반응식은 다음과 같다.

- 산화 : $Cu \rightarrow Cu^{+2} + 2e^-$
- 환원 : $Cu^{+2} + 2e^- \rightarrow Cu$

5.2.3 비아홀 검사

전기 동도금을 마치면, 비아홀 가공이 마무리된다. 비아홀은 PCB 표면에 노출되어 있지 않아 작업성이 떨어지므로 다른 곳보다 많은 불량이 발생된다. 특히 도금과 관련하여 많은 불량이 발생한다. BBT 검사에서는 문제가 없었지만, 부품을 조립하거나 사용하는 도중에

홀 도금이 손상되면서 불량이 발생되는 것이다.

따라서 홀 가공 및 홀 도금 전후에 비아홀의 내부를 관찰하여 불량을 줄이는 것이 중요하다. 비아홀의 안쪽은 직접 관찰할 수 없기 때문에 PCB를 수직 절단하여 단면을 관찰한다. 이 방법을 마이크로 섹션(Micro Section)법이라 한다.[13] 이 방법으로 검사하면, PCB가 손상되어 원 상태로 복구할 수 없다. 이 때문에 실제로는 패널의 여유 공간에 검사용의 테스트 쿠폰(Test Coupon)[14]을 함께 만들고, 이를 이용해 검사하기도 한다. [그림 5.17]은 마이크로 섹션법으로 관찰한 8층 MLB의 홀과 그 주변부이다.

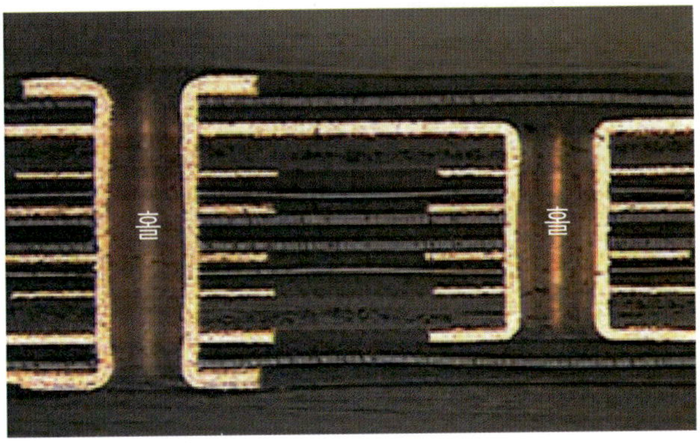

[그림 5.17] **마이크로 섹션법**

5.3 배선의 형성

지금까지의 설명한 양면 PCB의 제조공정은 비아홀 가공 및 홀 도금이다. 이 상태에서 부식법으로 배선을 형성하려면, 홀 내벽의 도금을 보호해야 하며, 그 방법으로 텐팅법(Tenting)법과 홀 매립(Hole Plugging)법을 사용한다. 이와 같이 홀 도금을 보호하면서 배선을 형성하는 방법을 '패널도금법'이라 한다.

이와 달리 솔더도금(Solder Plating)[15]을 이용해 배선을 형성하는 '패턴도금법'이 있다. 이 방법은 패널도금법에 비해 많이 사용되지 않는다.

13) 'Cross Section' 또는 'X-Section'이라고도 한다.
14) 원래의 PCB와 동일한 배선 및 홀이 가공되어 있다.
15) 땜납도금이라고도 한다.

5.3.1 패널도금법

[그림 5.18]은 패널도금법으로 배선을 형성하는 과정이다. 패널도금법의 시작은 패널도금(홀 도금)이다.[16] 이 방법은 배선을 형성할 때, 홀 도금을 보호하는 것이 중요하며, 이를 위해 홀 매립법 또는 텐팅법을 사용한다.

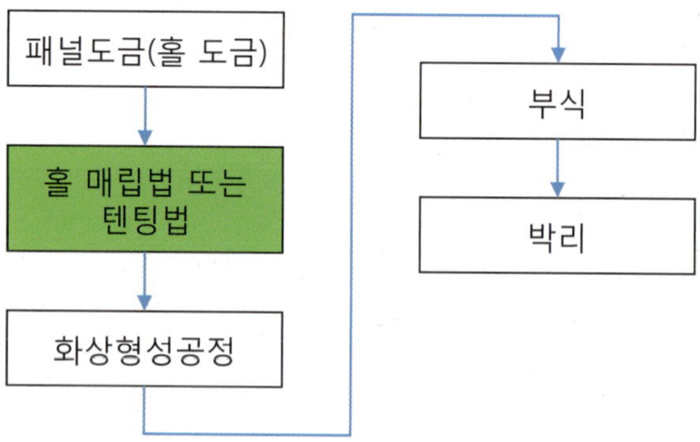

[그림 5.18] **패널도금법**

홀 매립법

홀 매립법은 홀의 내벽을 매립용 잉크로 채워 홀 도금을 보호하는 방법이다. 스크린 인쇄법으로 홀을 매립한 다음, 홀 속의 잉크가 흘러내리지 않도록 건조한다. 건조 후에는 기판의 표면을 연마하여 표면의 잉크를 제거한다. [그림 5.19]는 PSR로 홀을 매립한 PCB의 단면이다.

[그림 5.19] **홀의 매립**

16) 이에 대해서는 '5.2절'에서 설명하였다.

[그림 5.20]은 홀 매립 이후에 배선을 형성하는 공정이다. 그림 (a)는 화상형성공정으로 부식레지스트 패턴을 형성하고, 양면에서 부식액을 뿌리는 상태이다. 이때 홀의 내벽은 잉크로 매립되어 있으므로 부식액으로부터 보호된다. 그림 (b)는 부식의 결과로, 패널 표면의 동박이 선택적으로 제거된 상태이다. 이어서 부식레지스트를 박리하여 그림 (c)와 같이 배선을 완성한다.

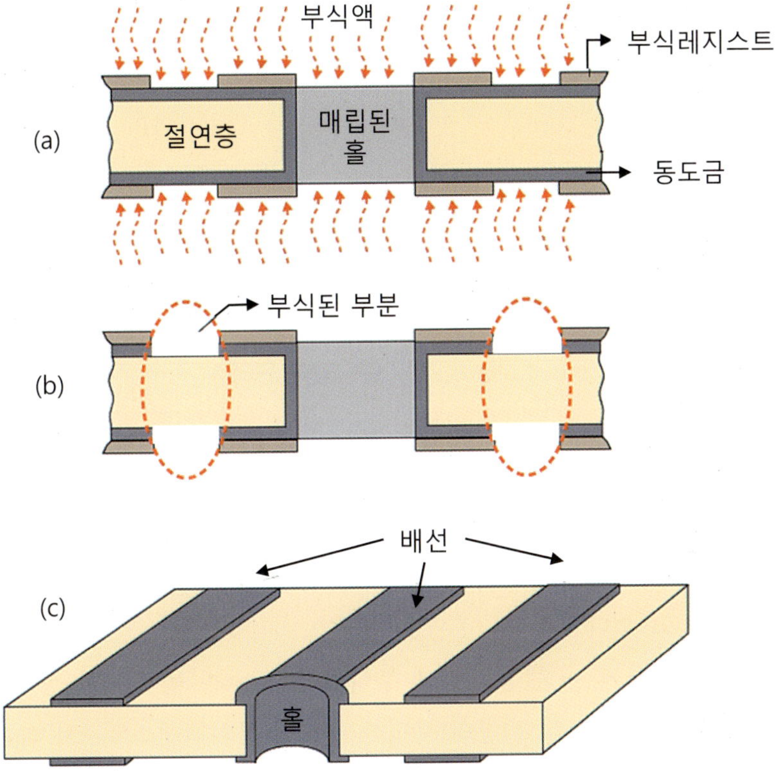

[그림 5.20] **홀 매립법에 의한 배선의 형성**

텐팅법

텐팅법은 부식레지스트 패턴을 형성할 때 홀을 덮는 방법으로 부식액으로부터 홀 도금을 보호한다. [그림 5.21]은 텐팅법의 원리이다.

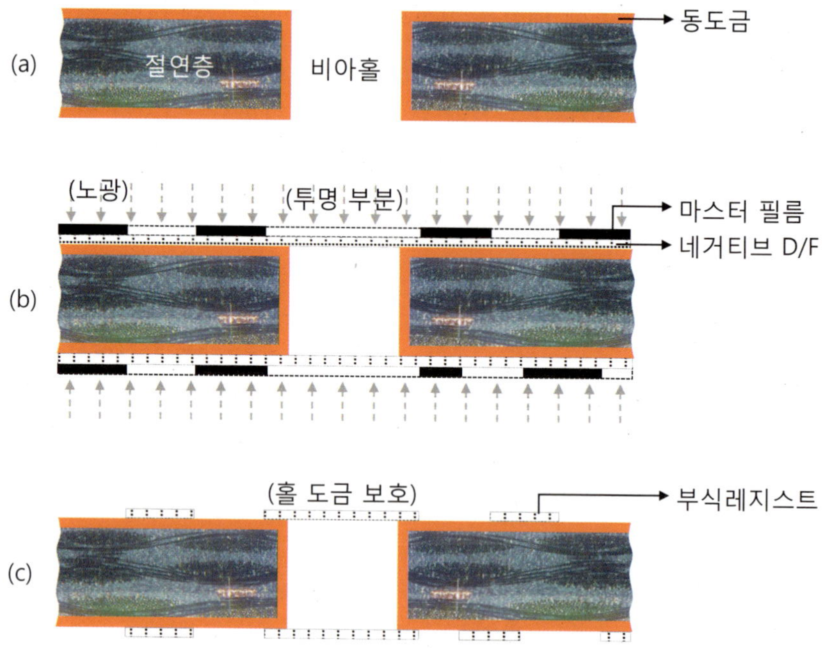

[그림 5.21] **텐팅법의 원리**

그림 (a)는 패널의 전면에 동이 도금(패널도금)된 상태이다. 그림 (b)는 네거티브 D/F와 마스터 필름을 밀착한 상태로 네거티브 D/F 위에 마스터 필름이 밀착되어 있다. 마스터 필름에는 배선의 패턴이 출력되어 있으므로 검은 부분이 관찰된다. 이때 홀의 입구는 D/F의 투명 부분이 덮고 있다.17)

[그림 5.21]의 (c)는 노광 → 현상을 통해 부식레지스트 패턴을 형성한 상태이다. 네거티브 D/F를 사용했으므로 마스터 필름의 투명한 부분이 부식레지스트로서 남는다. 따라서 홀의 입구가 마치 텐트를 친 것과 같이 D/F로 덮였으며, 이것이 부식 공정 중에 홀 도금을 보호한다. 텐팅법은 홀의 안쪽에 페이스트(Paste)를 충진하여 홀 도금을 보호하는 홀 매립법보다 공법이 간단하고 미세한 홀에 적용하기 쉽다. 이 때문에 미세한 배선의 가공에는 텐팅법이 주로 사용된다. [그림 5.22]는 텐팅법에 의해 가공된 홀의 단면 모습이다. 홀의 입구를 덮고 있는 D/F를 확인할 수 있다.

17) 텐팅법을 적용하려면, 이와 같이 투명한 부분이 홀을 덮도록 마스터 필름을 설계해야 한다.

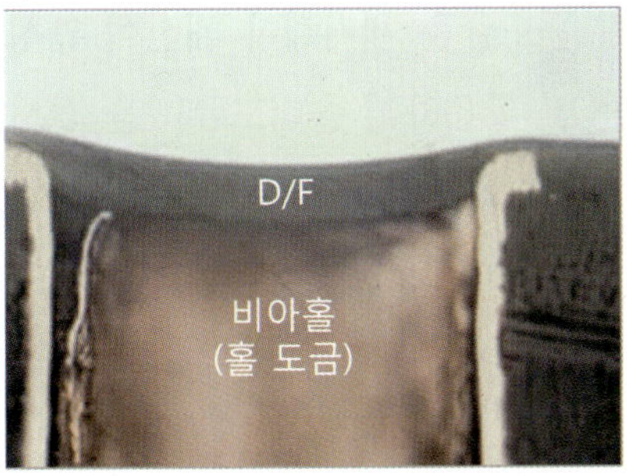

[그림 5.22] 홀을 덮은 D/F

5.3.2 패턴도금법

패턴도금법은 패널도금법과는 달리 동을 선택적으로 도금하여 배선을 형성하는 방법이다. [그림 5.23]은 패턴도금법으로 배선을 형성하는 과정이고, [그림 5.24]는 그에 따른 단면 구조이다. [그림 5.24]를 참조하면서 패턴도금법을 설명한다.

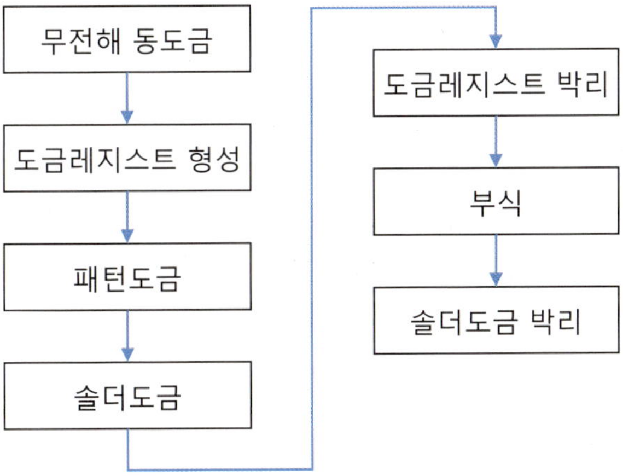

[그림 5.23] 패턴도금법

[그림 5.24]의 (a)는 패널 전체에 무전해 동을 도금하고, D/F와 마스터 필름을 밀착시킨 상태이다. 다음으로 화상형성공정을 행하여 D/F의 패턴을 형성한다. 이 패턴이 도금레지스트가 된다.[18] 이어서 전기 동도금을 실시한다. 그러면 그림 (c)와 같이 도금레지스트가 없는 곳에만 동이 도금된다. 이것이 바로 패턴도금이며, 최종적으로 무전해 동도금과 함께 배선이 된다.

그림 (c)를 살펴보면, 패턴도금(전기 동도금)의 아래에 무전해 동도금이 전체적으로 연결

18) 동이 도금되지 않도록 막는 역할을 한다.

되어 있다. 따라서 이 무전해 동도금을 제거해야 배선이 완성된다. 이를 위해 그림 (d)와 같이 도금레지스트를 다시 한 번 활용하여 솔더도금[19]을 실시한다. 그러면 패턴도금 위에만 솔더가 도금된다.

다음으로 그림 (e)와 같이 도금레지스트를 제거하고 솔더도금을 부식레지스트로 이용하여 동을 부식한다. 그러면 배선이 형성된다. 마지막으로, 그림 (f)와 같이 솔더도금을 박리[20]하여 배선을 완성한다.

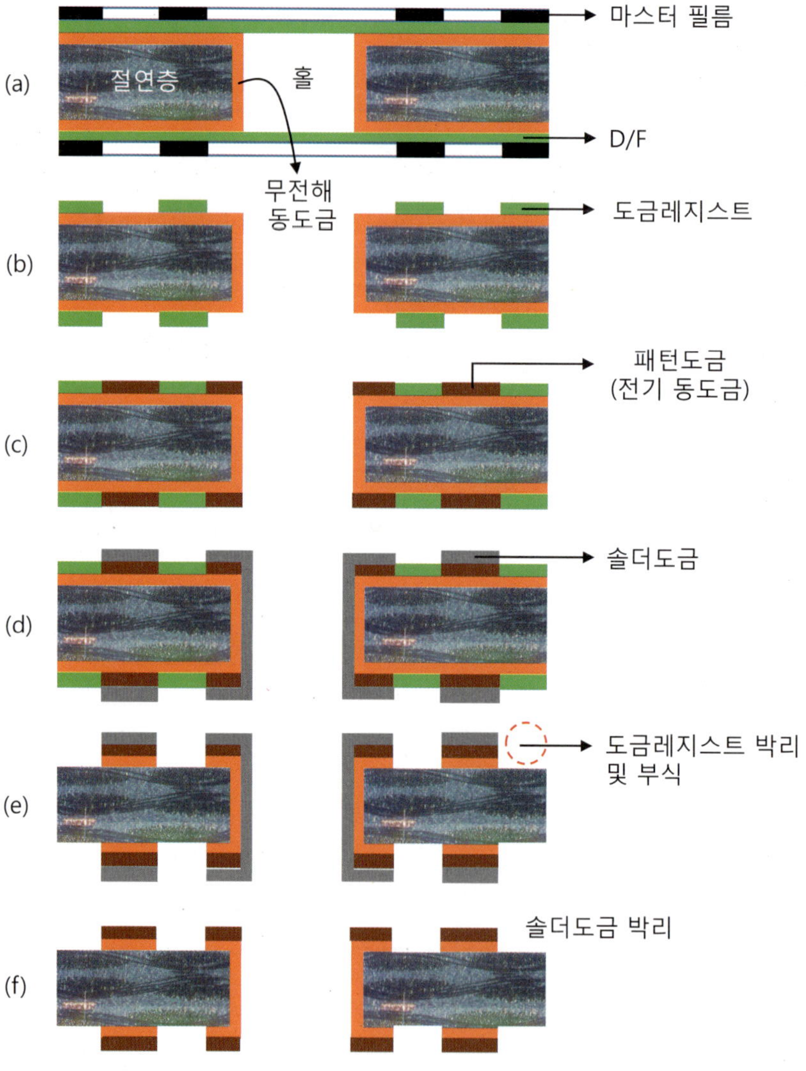

[그림 5.24] **패턴도금법**

19) 땜납을 도금한다. 최근에는 납의 사용이 제한됨에 따라 주석도금으로 대치되고 있다.
20) 솔더도금은 질산이나 붕불산(HBF$_4$)으로 박리한다.

셀프테스트
Self Test

chapter 05

1 다음 중에서 단면 PCB와 양면 PCB의 차이점이 아닌 것은 무엇인가?

① 양면 CCL 사용 ② BBT 검사
③ 비아홀 가공 ④ 양면 배선 형성

2 비아홀을 가공할 때, 드릴 비트(Drill Bit)에 가해지는 충격을 완화하고, 거스러미(Burr)를 방지하는 역할을 하는 것은 무엇인가?

① PCB 보드 ② 백업 보드 ③ 엔트리 보드
④ 드릴 테이블 ⑤ 가이드 보드

3 드릴 가공에 사용되는 '가공용 날'을 무엇이라 하는가? (   )

4 비아홀은 정확한 위치에 (수평, 수직)으로 가공해야 배선들이 연결된다.

5 비아홀을 가공할 때 생기는 열로 인해 홀의 내벽에 생긴 에폭시 수지의 찌꺼기를 제거하는 공정은 (디버링, 디스미어, 브러시 연마)이다.

6 디스미어 공정에서 '스웰러'의 역할은 무엇인가?(   )

7 다음은 무전해 동도금에 대한 설명이다. 틀린 것은 무엇인가?

① 전기 동도금보다 먼저 도금한다
② 1차 동도금이라고 한다
③ 촉매를 이용한다
④ 전기 동도금보다 도금 피막의 물성이 우수하다

8 다음 중에서 전기 동도금 할 때 생기는 동 이온은 무엇인가?

① Cu^{+2} ② Cu^{-1}

③ Cu^{-2} ④ Cu^{+1}

9 PCB를 수직으로 절단하여 단면을 관찰하는 방법을 무엇이라 하는가? (　　　　　　)

10 솔더도금을 이용하는 배선의 형성 방법은 (패턴도금법, 패널도금법)이다.

11 다음 중에서 패널도금법을 적용할 때 홀 도금을 보호하는 방법이 아닌 것은 무엇인가?

① 텐팅법 ② 홀 도금법 ③ 홀 매립법

12 패턴도금법으로 배선을 가공할 때 도금레지스트로 사용되는 것은 무엇인가?

① 솔더도금 ② D/F ③ 패턴도금

④ 무전해 동도금 ⑤ 마스터 필름

Chapter

06

MLB의 제조공정

MLB(Multi Layer Board)[1]는 더 많은 배선회로를 배치하기 위해 내층을 추가하여 다층으로 만든 PCB이다. MLB의 제조공정은 [그림 6.1]과 같이 '내층의 가공'과 내층과 외층을 접착하여 일체화하는 '적층' 및 '외층의 가공'으로 나눌 수 있다. 그림에서 연두색으로 표시한 단계들은 단면 및 양면 PCB와는 달리 MLB의 제조를 위해 추가되는 공정이다.[2]

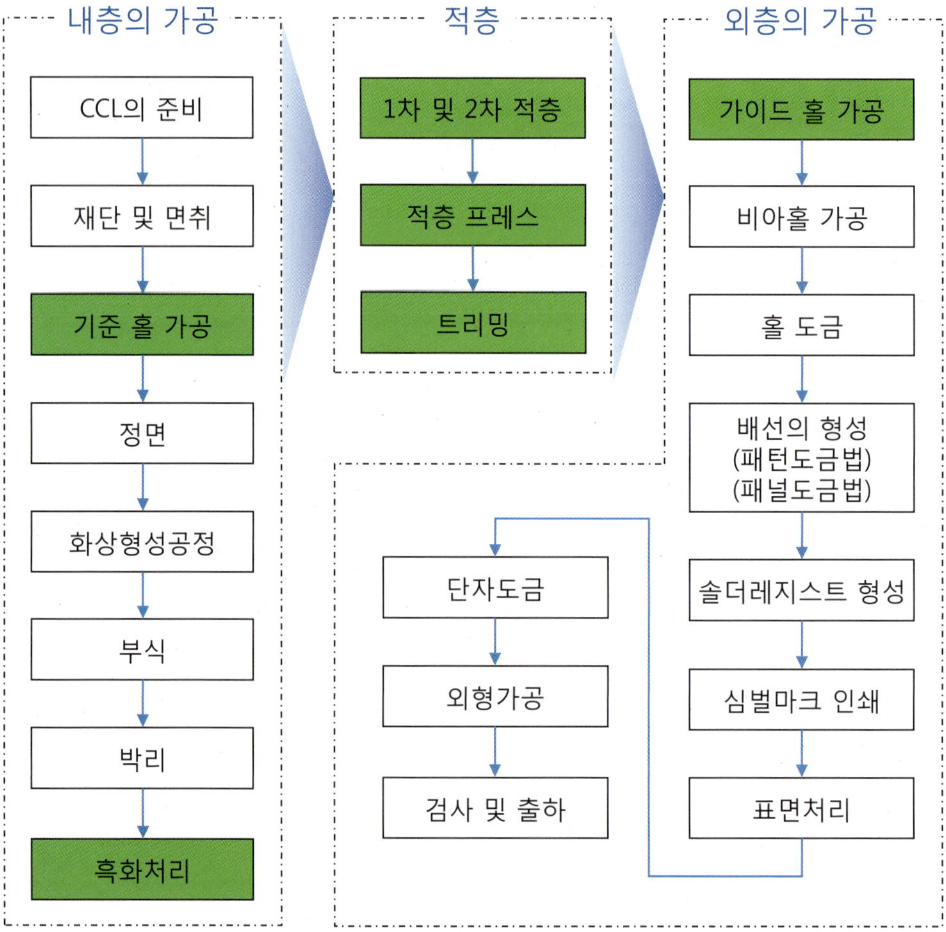

[그림 6.1] MLB의 제조공정

6장에서는 [그림 6.1]에 보인 MLB의 제조공정을 PCB 샘플[3] 사진을 이용해 설명한다.

1) MLB의 내층은 양면이므로 내층이 1장이면 외층을 포함하여 4층 MLB가 되고, 2장이면 6층이 된다.
2) 6장에서는 MLB의 제조를 위해 추가되는 공정을 상세히 설명한다. 그 밖의 공정들은 4장과 5장을 참조하라.
3) 샘플로 사용된 MLB는 내층이 2장인 6층의 MLB이다.

6.1 내층의 가공

6.1.1 CCL의 준비

내층을 가공할 CCL을 준비한다. 내층 CCL은 '2.1.2절'에서 설명한 양면 PCB용 CCL과 구조가 같다. 내층 CCL은 두께가 0.8t 이하로 매우 얇기 때문에 박판 코어(Thin Core)라고도 한다. 이 내층 CCL을 패널의 크기에 맞추어 재단하고, 면취하여 다음 공정을 준비한다.[4)][그림 6.2]는 재단과 면취를 마친 내층 패널의 모습이다.[5)] 이 내층 패널은 두께가 0.3t이고 동박의 두께는 1OZ이다.

[그림 6.2] 재단과 면취

4) 재단과 면취는 '4.2절'을 참조하라.
5) 정면을 하지 않았으므로 표면이 오염되어 있다.

6.1.2 기준 홀 가공

MLB는 내층과 외층을 적층하여 만들므로 각 층의 배선과 홀의 위치를 맞추는 것이 중요하다. 이를 정합(Alignment)이라 한다. 정합을 위해 내층용 패널을 비롯한 원 · 부자재에 기준 홀을 가공하고, 이를 이용해 위치를 맞춘다.[6)]

6.1.3 정면

다음으로 내층 패널을 정면하여 동박 표면의 산화막이나 지문 등 이물질을 제거하고, D/F가 잘 밀착되도록 거칠기를 만든다. 두께가 0.1t 이하인 내층 패널을 브러시로 정면하면, 말려 들어갈 염려가 있으므로 주로 약품을 이용해 화학적으로 정면한다.

6.1.4 화상형성공정

화상형성공정으로 배선 패턴을 내층 패널에 전사한다.[7)] 이를 위해 D/F를 패널의 양면에 밀착시키고, 마스터 필름을 이용해 노광 및 현상한다. 마스터 필름에도 가이드 마크가 표시되어 있으며, 이를 기준으로 노광할 때 패널과 필름을 정합한다.

[그림 6.3]과 [그림 6.4]는 현상을 마친 내층 패널의 모습이다. [그림 6.3]은 2/3층이고, [그림 6.4]는 4/5층이다.[8)] 그림에 보인 내층 패널에는 각각 D/F의 패턴이 형성되어 있다. 이 D/F 패턴은 앞에서 설명한 바와 같이 부식레지스트로 작용한다.

---

6) 내층에는 기준 홀 대신에 기준 마크를 표시하기도 한다.
7) 화상형성공정에 앞서 내층 패널에 비아홀을 가공하고 도금하면, PCB의 표면에서는 관찰되지 않는 'Buried Via Hole'이 만들어진다.
8) 그림에 보이는 것은 2층과 4층이다. 3층과 5층은 반대편에 형성되어 있다.

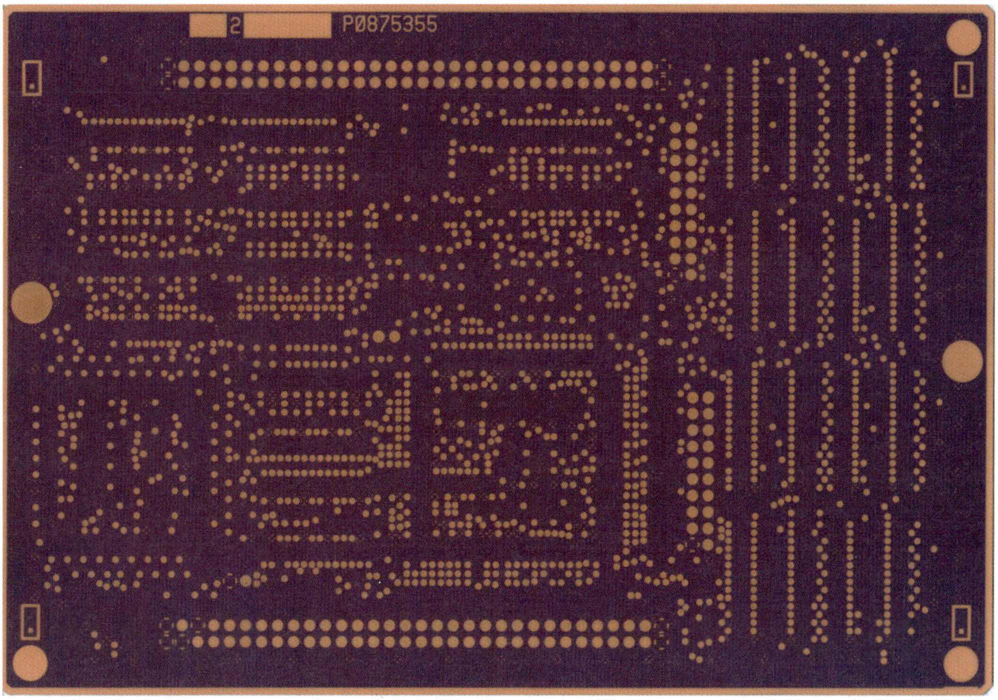

[그림 6.3] 현상(2/3층)

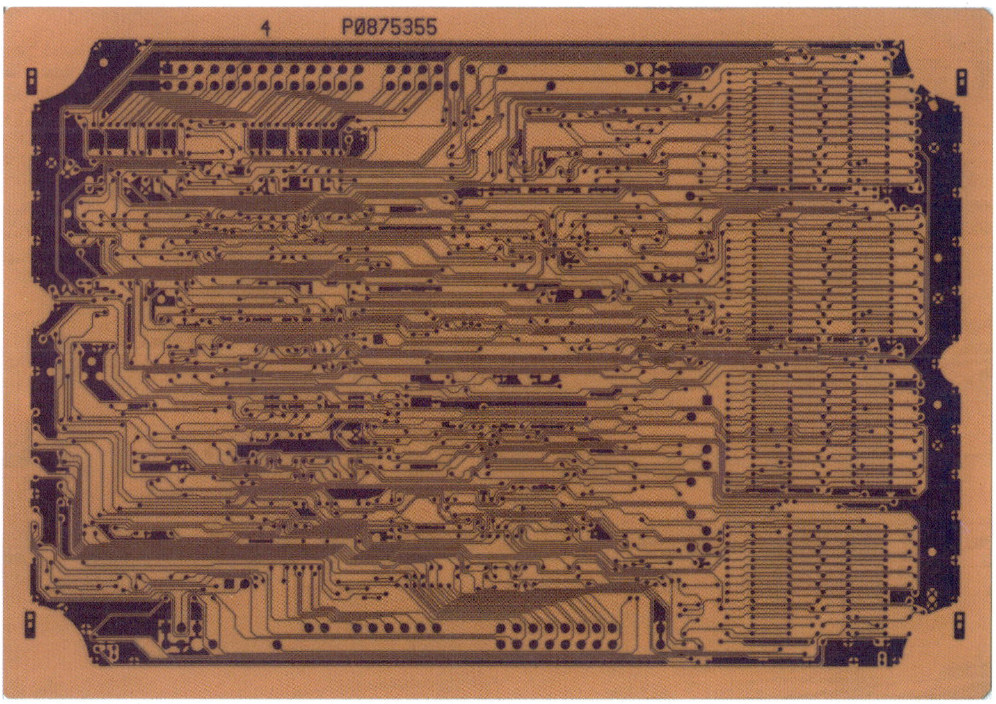

[그림 6.4] 현상(4/5층)

6.1.5 부식

D/F 패턴이 덮이지 않은 부분의 동박을 부식하여 제거한다. [그림 6.5]와 [그림 6.6]은 부식을 마친 내층 패널의 모습이다. [그림 6.5]는 2/3층이고, [그림 6.6]은 4/5층이다.

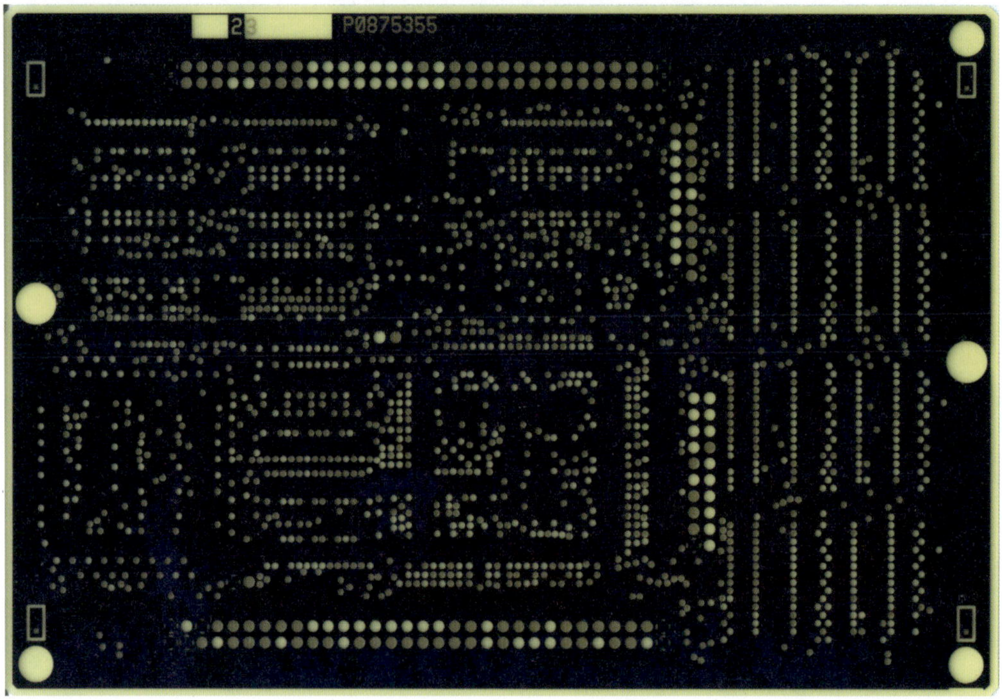

[그림 6.5] 부식(2/3층)

[그림 6.6] 부식(4/5층)

6.1.6 D/F 박리

D/F를 박리하여 내층 배선을 완성한다. 이어서 배선의 단선이나 단락, 핀 홀, 잔류 동박(Copper Residues)과 같은 불량 및 기타 오염물이 있는지 AOI 등을 이용해 검사한다. [그림 6.7]과 [그림 6.8]은 D/F를 박리한 내층 패널의 모습으로 동박의 배선 패턴이 형성되었다. [그림 6.7]은 2/3층이고, [그림 6.8]은 4/5층이다.

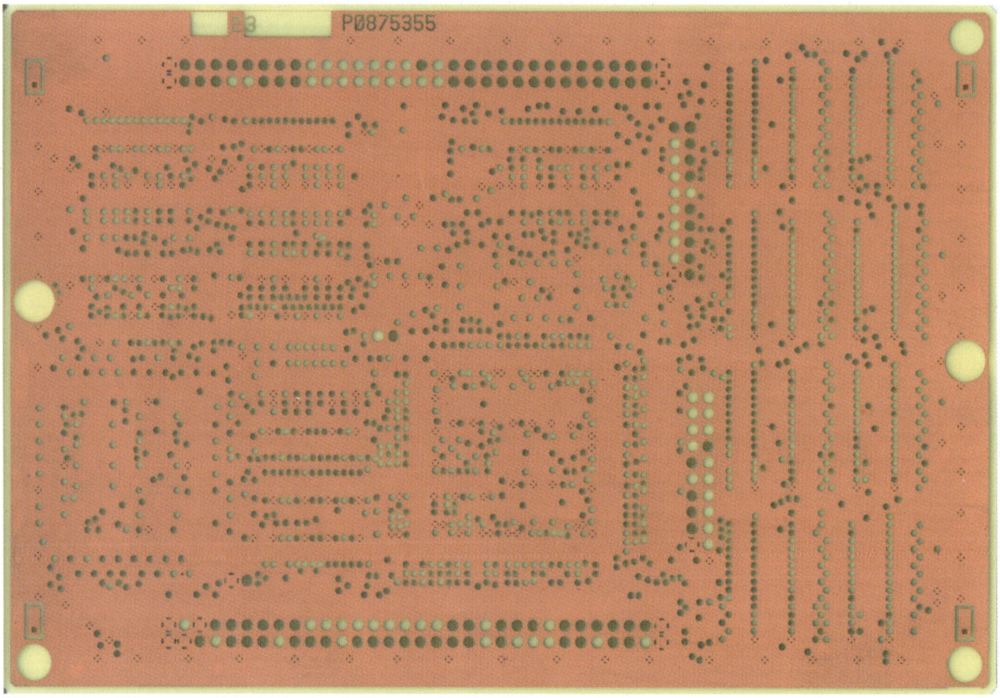

[그림 6.7] D/F 박리(2/3층)

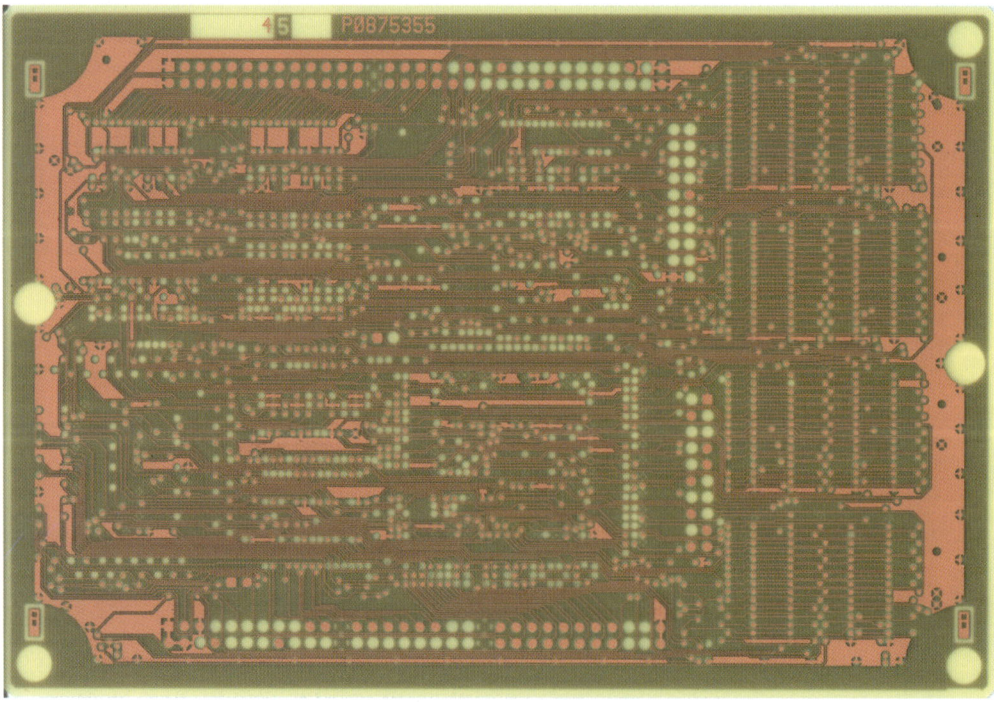

[그림 6.8] D/F 박리(4/5층)

6.1.7 흑화처리

흑화처리는 동박의 표면을 산화시켜 CuO 또는 Cu_2O의 피막을 형성함으로써 적층 시의 접착력과 내열성을 높이는 작업이다. 흑화처리에서는 치밀하고 균일한 피막을 형성하는 것이 중요하다. CuO 피막은 흑색을 나타내므로 블랙 옥사이드(Black Oxide)라 하고, Cu_2O 피막은 갈색을 나타내므로 브라운 옥사이드(Brown Oxide)라 한다.[9]

블랙 옥사이드는 접착력과 내열성이 우수하고 양산성도 좋다. 반면에 핑크 링(Pink Ring)[10]이 발생하기 쉬운 단점이 있다. 브라운 옥사이드는 핑크 링에 대한 내성이 강하고, 피막이 균일하며, 벗겨짐 강도(Peel Strength)가 강하다는 장점이 있어 최근에 많이 사용된다. 다만 접착력은 블랙 옥사이드에 비해 약하다. [그림 6.9]는 블랙 옥사이드와 브라운 옥사이드를 비교한 전자현미경 사진이다. 브라운 옥사이드 피막이 블랙 옥사이드보다 미세하고 균일하다.

브라운 옥사이드　　　　블랙 옥사이드

[그림 6.9] **브라운 옥사이드와 블랙 옥사이드**

[그림 6.10]과 [그림 6.11]은 흑화처리를 마친 내층 패널의 모습으로, 동박이 흑색으로 바뀌었다. [그림 6.10]은 2/3층이고, [그림 6.11]은 4/5층이다.

---

9) 초기에 블랙 옥사이드가 많이 사용되었으므로 공정을 나타내는 용어로 '흑화처리'가 사용된다.

10) 비아홀 내벽의 동도금이 산 성분의 침투를 받아 핑크 색으로 변하는 현상이다. 핑크 링이 생기면, 내층의 동박과 절연층이 떨어지는 'Delamination' 불량이 발생된다.

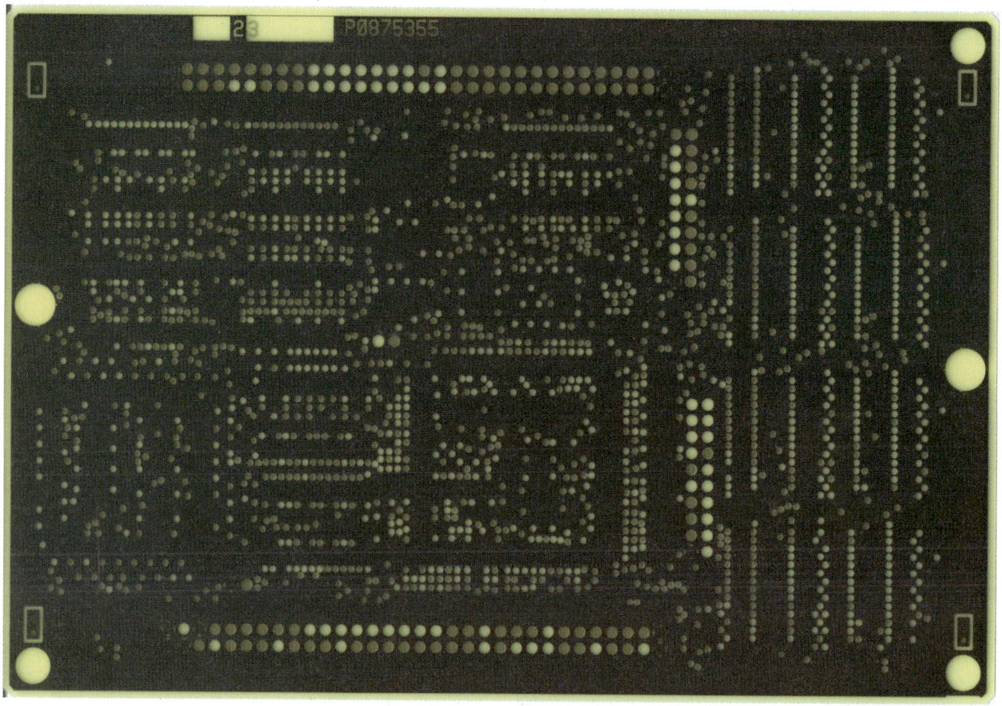

[그림 6.10] 흑화처리(2/3층)

[그림 6.11] 흑화처리(4/5층)

6.2 적층

적층(Lay up)은 내층과 외층을 접착하여 일체화하는 작업이다. 이때 층간 절연과 접착을 위해 프리프레그를 층과 층 사이에 끼워 넣는다. 적층은 2단계로 나누어 실시하며, 이를 각각 1차 및 2차 적층이라 한다.

6.2.1 1차 및 2차 적층

1차 적층은 내층과 프리프레그를 쌓는 작업이다. [그림 6.12]는 1차 적층된 상태이다. 샘플 PCB는 내층이 2장이므로 1장의 프리프레그를 사용한다. 층수가 증가하면, 프리프레그의 수도 증가한다.

[그림 6.12] **1차 적층**

2차 적층은 1차 적층된 내층의 양면에 프리프레그와 동박을 깔고, 프레스로 압착할 수 있도록 경면판[11] 및 쿠션 패드(Cushion Pad)[12]를 끼우는 작업이다. 내층의 양면에 놓인 동박은 외층이 된다. [그림 6.13]은 2차 적층된 상태이다. 그림에는 경면판과 쿠션패드는 나타내지 않았다.

---

11) 경면판은 가장 위쪽에 놓여 열을 기판 전체에 고르게 전달하는 역할을 한다. 'Top Plate'라고도 하며, 알루미늄 호일이나 SUS가 사용된다.

12) 쿠션 패드는 약간의 쿠션을 제공하면서 압력이 고르게 전달되도록 하고, 열의 급격한 변화도 방지한다. 주로 크래프트지가 사용된다.

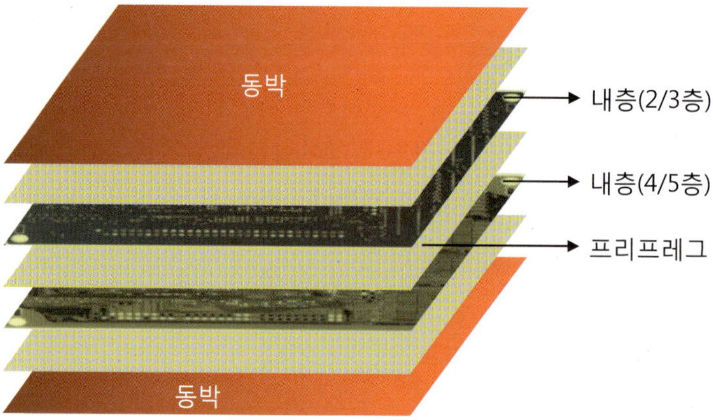

[그림 6.13] 2차 적층

[그림 6.14]는 샘플 PCB의 각 층을 배열한 모습이다. 2개의 내층(2/3층과 4/5층)과 2개의 외층(1층 및 6층) 및 각 층의 절연과 접착을 위한 프리프레그가 배열되어 있다. 외층에 사용된 동박은 두께가 'Half OZ'이고, 프리프레그는 0.18t의 제품이다.

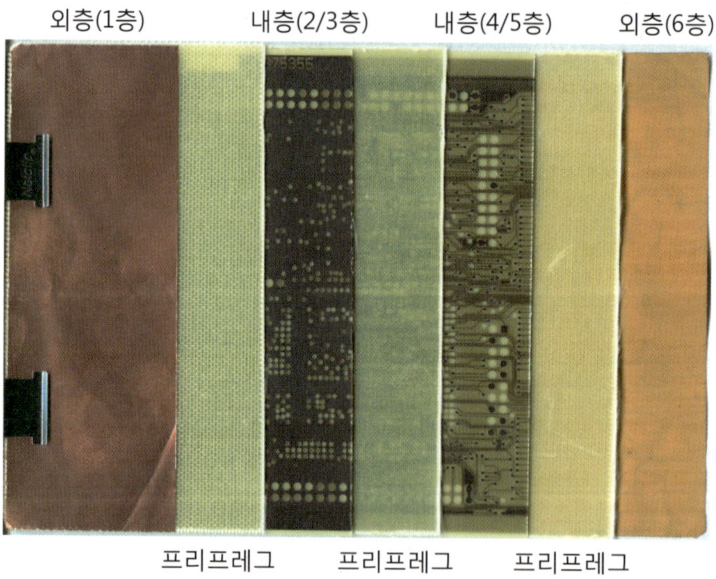

[그림 6.14] 샘플 PCB의 각 층을 배열한 모습

적층에서는 정합이 매우 중요하며, 배선이 미세할수록 정합의 정밀도도 향상되어야 한다. 정합이 어긋나면, 내층과 외층이 연결되지 않는 중대한 불량이 발생한다.[13] 적층에서는 정합을 위해 매스 라미네이션(Mass Lamination) 및 핀 라미네이션(Pin Lamination) 방법을 사용한다.

매스 라미네이션

매스 라미네이션은 내층이 1장인 4층의 MLB를 제조할 때 사용되는 정합 방법이다. 4층 MLB는 내층이 1장이므로 외층과의 정교한 정합이 필요하지 않다. 따라서 한 번에 여러 장의 기판을 적층할 수 있으며, 이 때문에 매스 라미네이션이라 한다. 매스 라미네이션에서는 적층된 자재들이 어긋나지 않도록 간단한 미끄러짐 방지용 치구를 사용한다.

핀 라미네이션

핀 라미네이션은 적층할 소재들을 적층용 프레스의 가이드 핀에 꽂아 정합하는 방법이다. 이를 위해 가이드 홀을 이용한다. 이 방법은 매스 라미네이션에 비해 정합의 정밀도가 높으므로 6층 이상의 MLB에 적용한다.

6.2.2 적층 프레스

적층 프레스는 소재들을 압착하여 일체화된 PCB를 만드는 장치이다. 작업할 때 열과 압력을 가하므로 핫 프레스(Hot Press)라고도 한다. [그림 6.15]는 적층 프레스이다. 이 장치는 진공 챔버(Vacuum Chamber)를 가지고 있으며, 그 안에는 그림과 같이 열판들이 수직으로 배열되어 있다. 또한 열판의 아래쪽에는 수직방향으로 힘을 가할 수 있는 프레스가 설치되어 있다. 장치의 열판 사이에 적층할 소재들을 놓고, 진공 상태에서 프레스로 압착한다. [그림 6.16]은 현장에 설치되어 있는 적층 프레스의 모습이다.

---

13) 층수가 많은 MLB일수록 정합이 중요하다. 정합의 어려움 때문에 층수가 증가할수록 수율이 떨어진다. 정합의 정밀도를 높이기 위해 제조 공정 중에 가이드 홀을 재가공하여 오차를 줄이기도 한다. 이는 작업을 반복할수록 오차가 누적되고, 자재도 변형되기 때문이다.

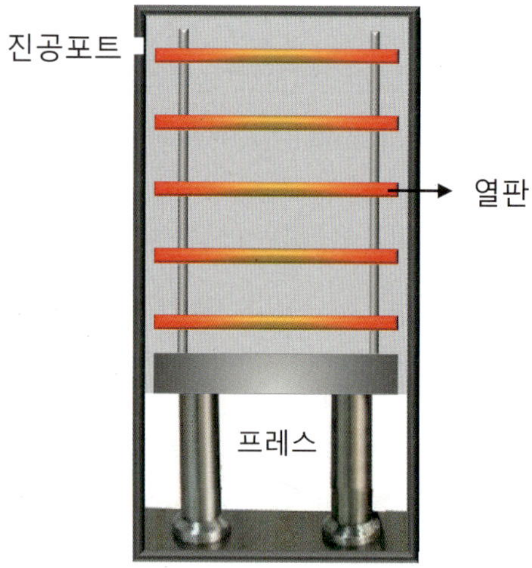

[그림 6.15] **적층 프레스**

[그림 6.16] **현장에 설치된 적층 프레스**

적층할 때 각 층 사이에 끼워 넣은 프리프레그를 완전히 경화시키려면, 170℃ 내외의 온도에서 최소 20분 이상 압착해야 한다.[14] 또한 초기 5~10분간은 낮은 압력을 가하고, 그 후에 최대 압력을 가해야 스트레스로 인해 적층된 PCB가 휘지 않는다.

[그림 6.17]은 적층 프레스의 가공 조건의 예이다. 그림에서 ❶의 그래프는 '프로그램 온도'로서, 이는 적층 프레스 장치의 열판의 온도를 시간별로 미리 설정한 것이다. 그림에서

14) 가공 조건은 프리프레그의 종류와 층수 등에 따라 다르다.

❷는 실제로 소재들에 가해지는 '적층 온도'이다. 열판의 열이 전달되거나 식을 때 시간이 지연되므로 '프로그램 온도'와는 차이가 있다. 따라서 이를 감안하여 '프로그램 온도'를 설정해야 한다.

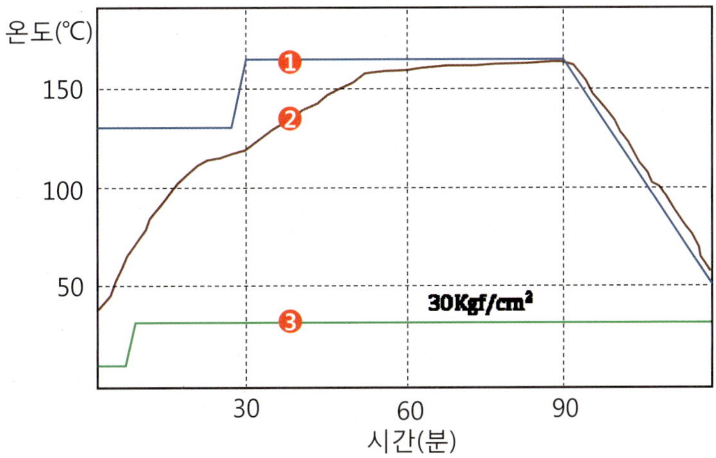

[그림 6.17] 적층 프레스의 가공 조건(예)

[그림 6.17]에서 ❸은 프레스로 가하는 압력의 변화이다. 위에서 설명한 바와 같이 초기 몇 분간은 낮은 압력을 가하고, 그 이후에 최대 압력으로 가압하여 각 층들을 접착한다. [그림 6.17]의 경우, 최대 압력은 $30kgf/cm^2$이다.

6.2.3 트리밍

트리밍(Trimming)은 적층 과정에서 가해진 열과 압력으로 인해 기판의 가장자리로 흘러나온 수지와 동박의 찌꺼기를 제거하는 작업이다. [그림 6.18]은 적층과 트리밍을 마친 기판의 모습이다. 내층(2/3층 및 4/5층)이 보이지 않기 때문에 외형상 아무런 처리도 하지 않은 초기의 패널처럼 보인다.

[그림 6.18] 적층과 트리밍

6.3 외층의 가공

6.3.1 가이드 홀 가공

이후의 공정에서 작업과 정렬의 기준이 될 가이드 홀을 가공한다. 그런데 내층과 외층을 적층하였으므로 내층의 기준 홀(또는 기준 마크)은 외층에 가려 보이지 않는다. 이 때문에 X-Ray로 내층의 기준 홀을 찾아내어 가이드 홀을 가공한다. 이 작업에는 '가이드 홀 드릴링 머신(Guide Hole Drilling Machine)[15]'을 사용하며, [그림 6.19]는 그 예이다.

15) 'Target Drill'이라고도 한다. 마찬가지로 '가이드 홀 가공'이라는 용어 대신에 'Targeting'이라고도 한다.

[그림 6.19] 가이드 홀 드릴링 머신

6.3.2 비아홀 가공

가이드 홀을 기준으로 삼아 기판 전체의 비아홀을 가공한다. 적층 후에 가공되는 비아홀은 기판을 관통하므로 관통홀(Through Hole)이라고 한다. [그림 6.20]은 비아홀이 가공된 모습이다. 그림에서는 가이드 홀도 확인할 수 있다.

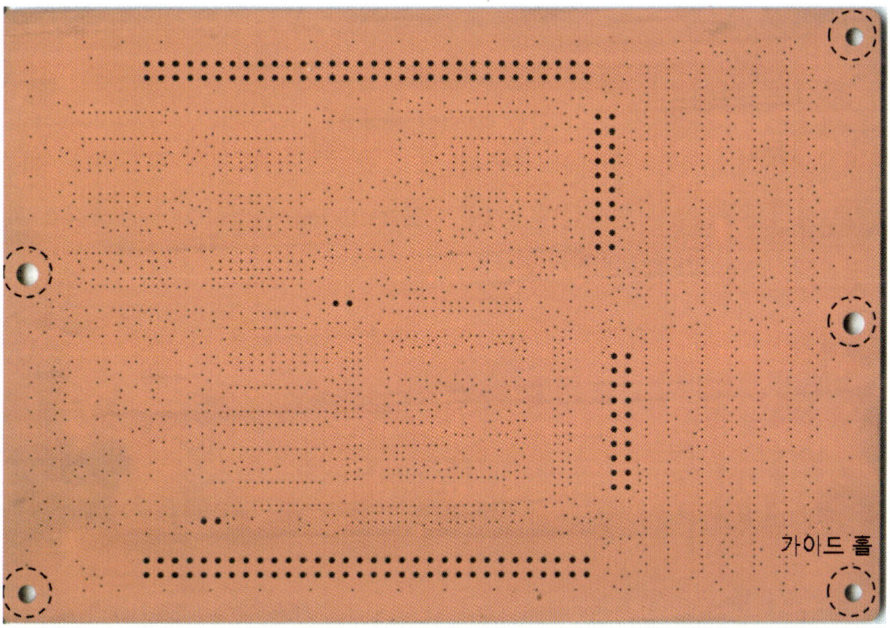

[그림 6.20] 비아홀 가공

6.3.3 홀 도금

홀의 내벽을 무전해 및 전기 동도금 한다. [그림 6.21]은 홀 도금을 마친 기판의 모습이다.

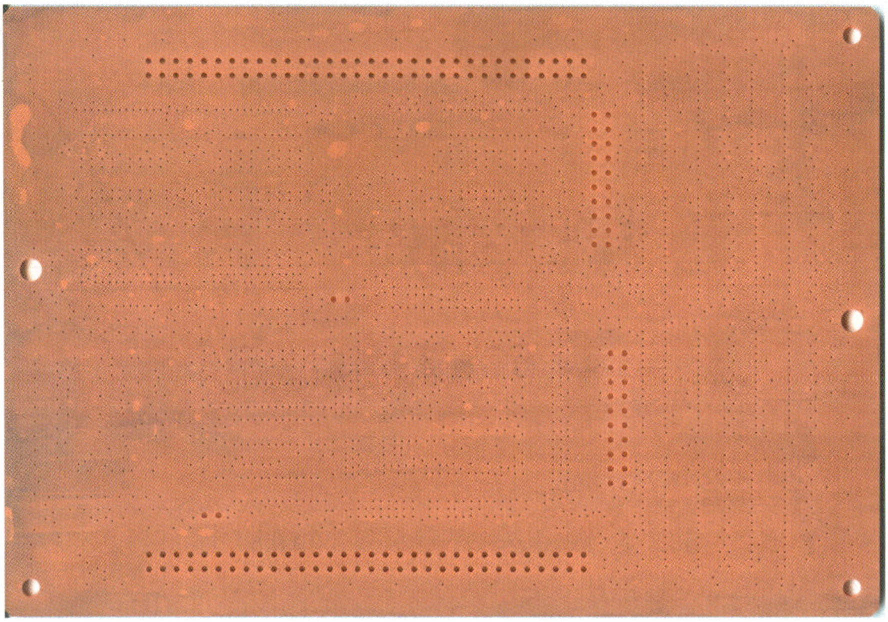

[그림 6.21] 홀 도금

6.3.4 배선의 형성

이 책에서 설명하는 PCB 샘플에서는 패턴도금법[16)]으로 배선을 형성한다. 이를 위해 먼저 D/F로 도금레지스트를 형성한다. [그림 6.22]는 D/F를 현상하여 도금레지스트 패턴을 형성한 기판의 모습이다.

16) '5.3.2절'을 참조하라.

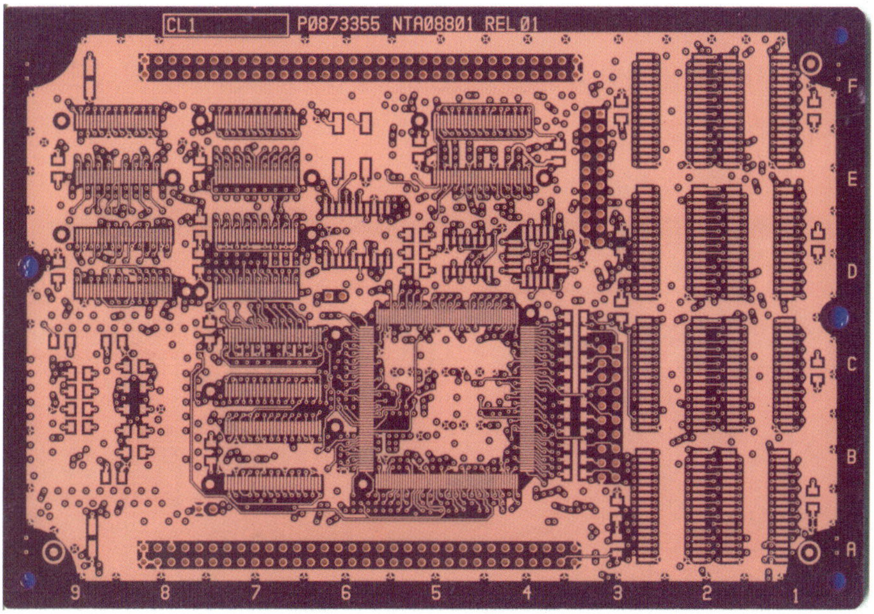

[그림 6.22] **도금레지스트 패턴의 형성**

패턴도금 및 솔더도금

도금레지스트를 이용해 패턴도금(전기 동도금)과 솔더도금을 행한다. [그림 6.23]은 솔더 도금까지 마친 기판의 모습이다. 솔더도금의 두께는 10㎛ 정도이다.

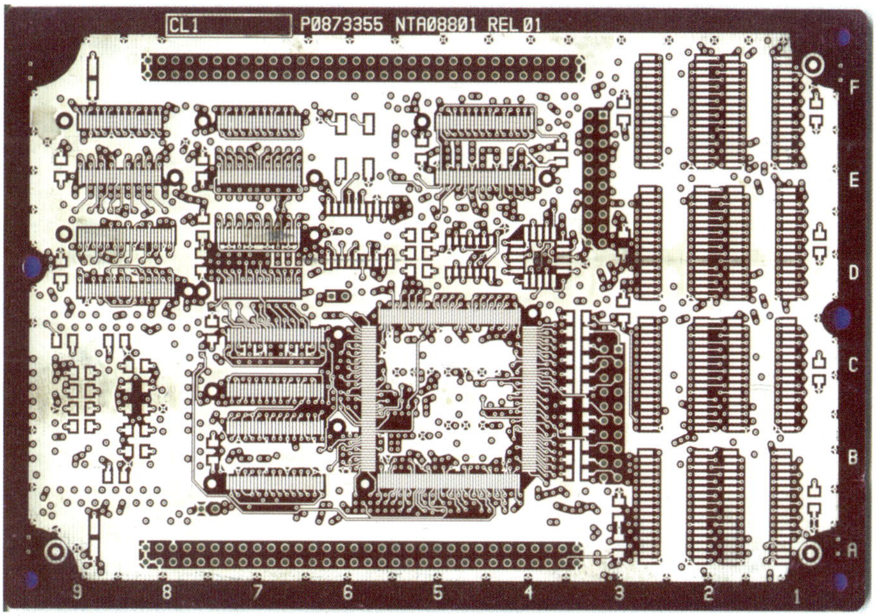

[그림 6.23] **솔더도금**

D/F 박리

도금레지스트의 역할을 다한 D/F를 박리한다. [그림 6.24]는 D/F가 박리된 기판의 모습이다.

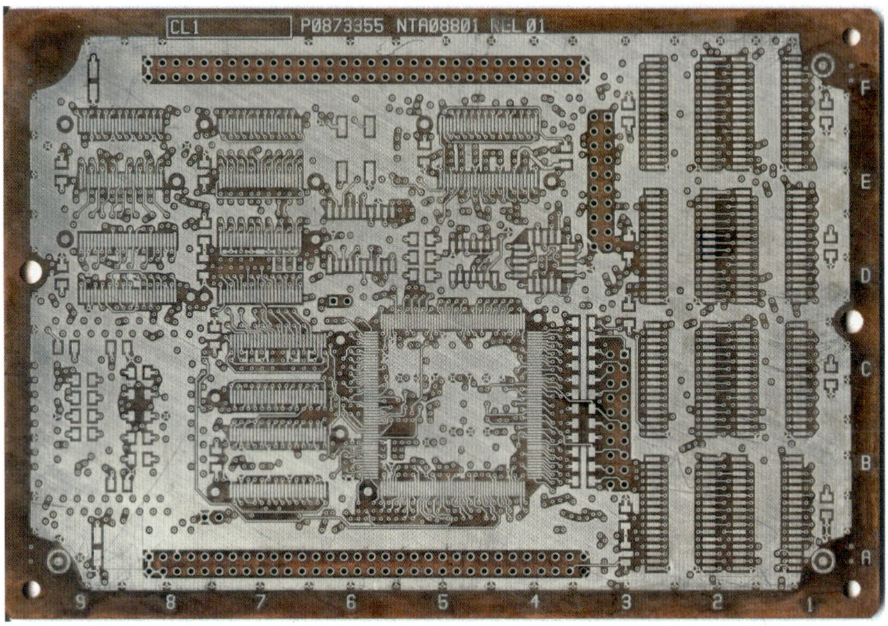

[그림 6.24] D/F 박리

부식

솔더도금을 부식레지스트로 사용하여 동박을 부식한다. [그림 6.25]는 부식을 마친 기판의 모습으로, 솔더도금과 절연층이 보인다. 부식을 통해 솔더도금이 덮여 있지 않은 부분의 무전해 동이 모두 제거된다.

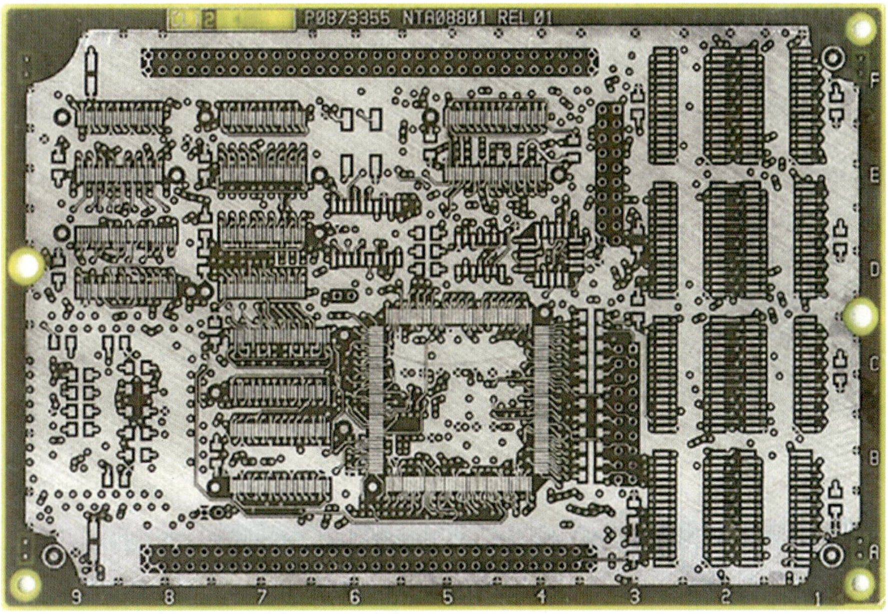

[그림 6.25] 부식

솔더도금의 박리

부식레지스트의 역할을 담당한 솔더도금을 박리한다. [그림 6.26]은 솔더도금이 박리된 기판의 모습이다.

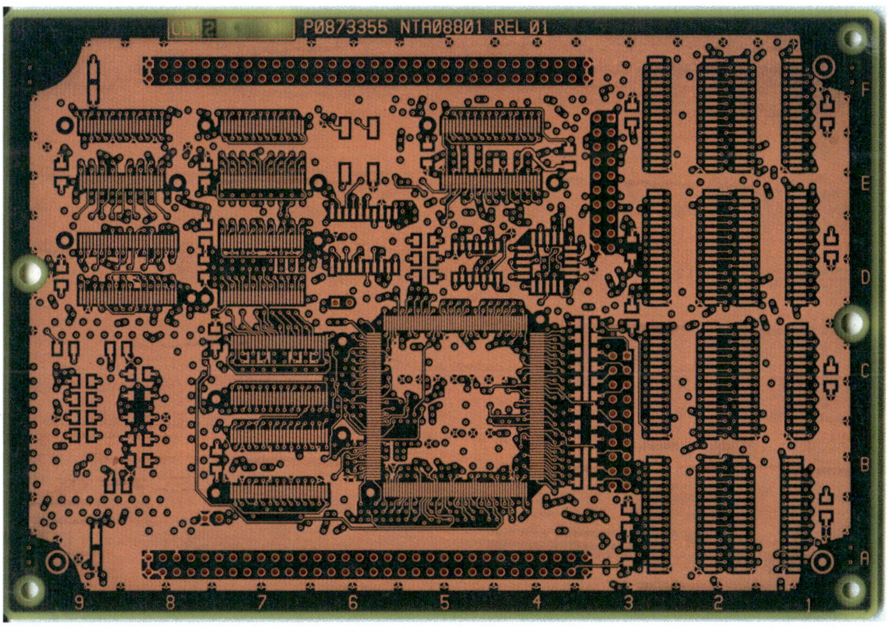

[그림 6.26] 솔더도금 박리

6.3.5 솔더레지스트 형성

부품을 실장할 때 땜납에 의해 배선이 잘못 접속되는 것을 방지하고, 배선을 보호하기 위해 솔더레지스트 패턴을 형성한다. [그림 6.27]은 솔더레지스트 패턴을 형성한 기판의 모습이다.

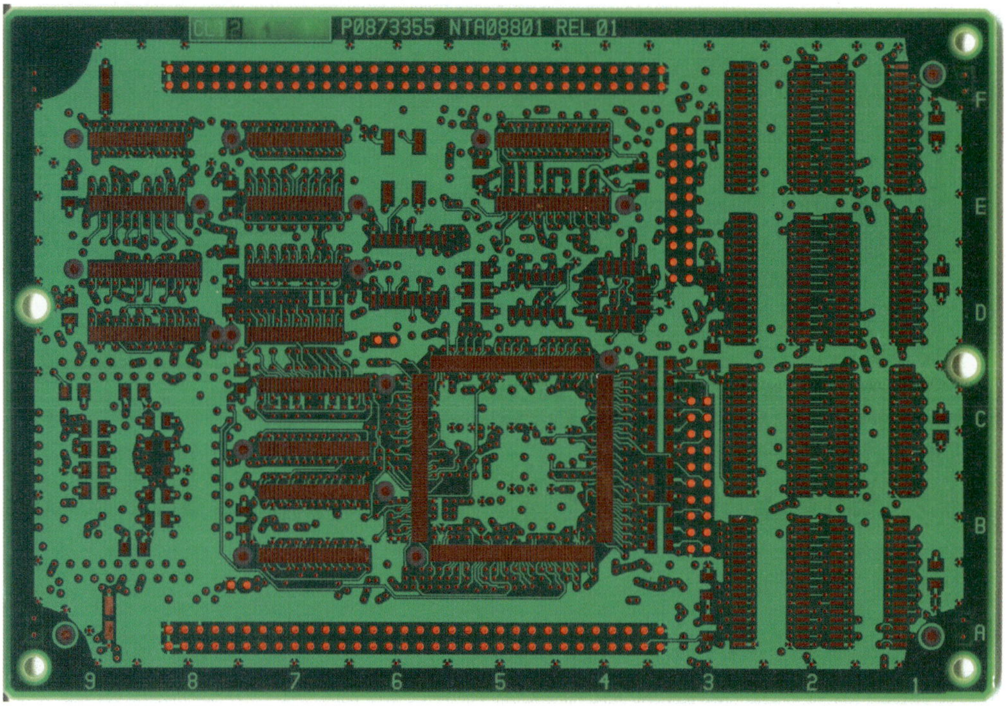

[그림 6.27] 솔더레지스트 패턴의 형성

6.3.6 심벌마크 인쇄

기판의 표면에 업체명, 제품코드, 부품번호나 부품 위치(좌표), 부품 종류, 정격용량 등의 기호나 문자를 흰색의 불변성 잉크로 인쇄한다. [그림 6.28]은 심벌마크를 인쇄한 기판의 모습이다.

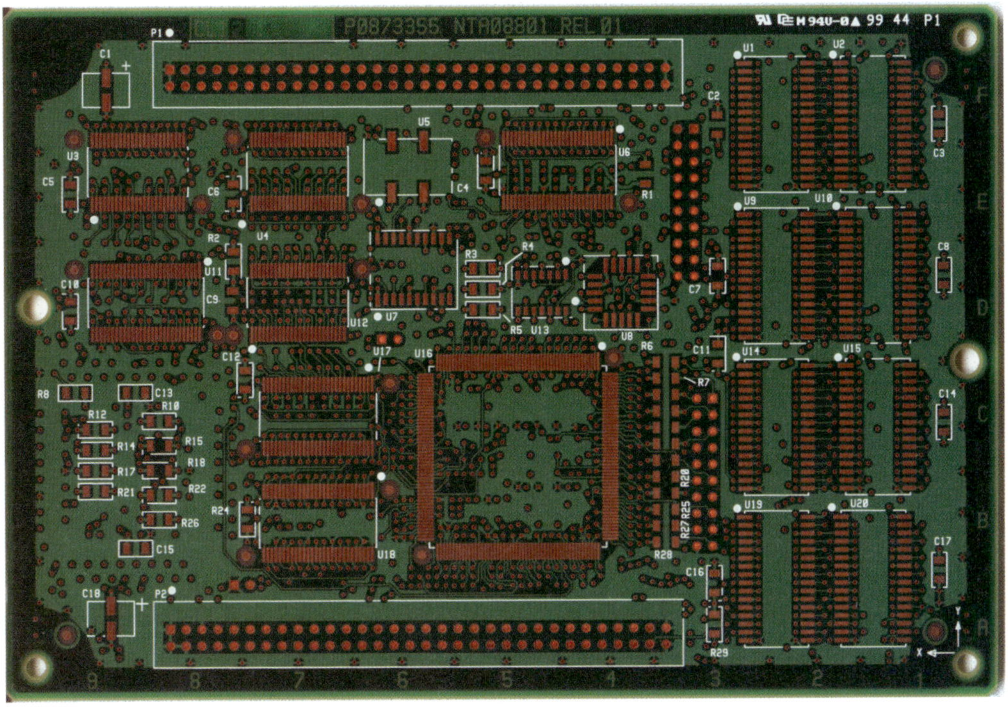

[그림 6.28] 심벌마크 인쇄

6.3.7 표면처리

노출된 동박이 공기 중에서 산화되는 것을 방지하고, 부품의 납땜성을 향상시키기 위해 기판의 표면을 처리한다. [그림 6.29]는 표면처리를 마친 기판의 모습으로, 여기에서는 OSP를 코팅하였다.[17)]

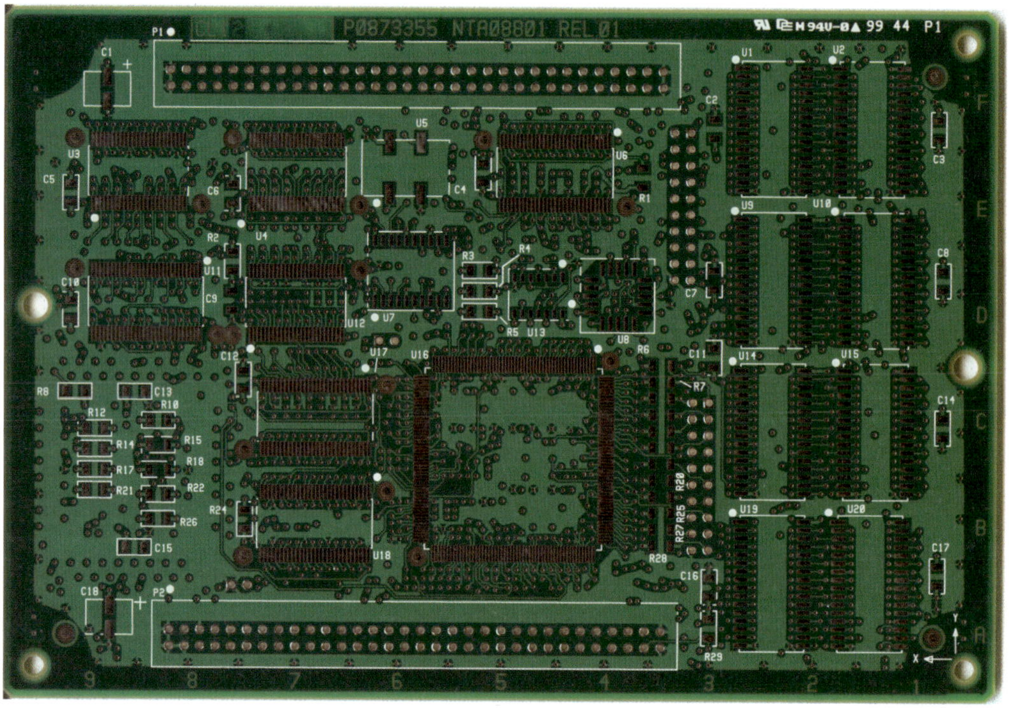

[그림 6.29] **표면처리**

---

17) 이후의 MLB 제조 공정은 단자도금, 외형가공, 검사 및 출하이다. 이에 대해서는 5장을 참조하라.

셀프테스트

Self Test

chapter 06

1 내층 CCL은 두께가 매우 얇기 때문에 박판 (　　　　　)라고도 한다.

2 다음은 흑화처리에 대한 설명이다. 옳지 않은 것은 무엇인가?

① 치밀하고 균일한 피막을 형성하는 것이 중요하다
② 적층 시의 접착력을 높이기 위한 처리이다
③ 적층 시 내열성을 높이기 위한 처리이다.
④ 블랙 옥사이드가 많이 사용된다

3 핑크 링에 대한 내성은 (블랙 옥사이드, 브라운 옥사이드)가 강하다.

4 경면판과 쿠션 패드는 (1차 적층, 2차 적층)에서 사용한다.

5 핀 라미네이션은 매스 라미네이션보다 정합의 정밀도가 높다. (○, ×)

6 간단한 미끄러짐 방지용 치구를 사용하는 정합 방법은 (핀 라미네이션, 매스 라미네이션)이다.

7 적층할 때 가하는 열과 압력은 일정해야 한다. (○, ×)

8 적층할 때 가해진 열과 압력 때문에 기판의 가장자리로 흘러나온 수지와 동박의 찌꺼기를 제거하는 작업을 무엇이라 하는가? (　　　　　　　　)

9 다음 중에서 가이드 홀을 가공할 때 내층의 기준 홀을 찾는데 사용되는 것은 무엇인가?

① 레이저　　② X-Ray
③ 플라즈마　　④ 전자현미경

10 솔더도금은 (부식레지스트, 도금레지스트)의 역할을 한다.

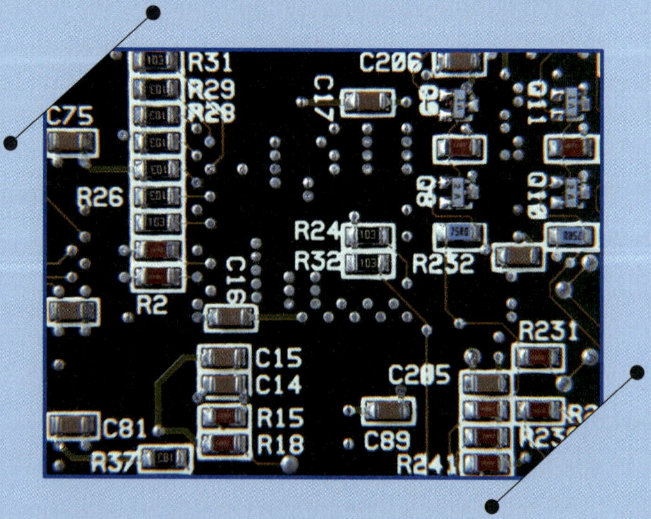
R31
C206
R29
R28
C75
C17
Q9
Q11
R26
Q8
Q10
R24
R32
R232
C16
R2
R231
C15
C14
C205
C81
R15
R18
C89
R37
R241

Chapter

07

빌드-업 PCB와 IC Substrate

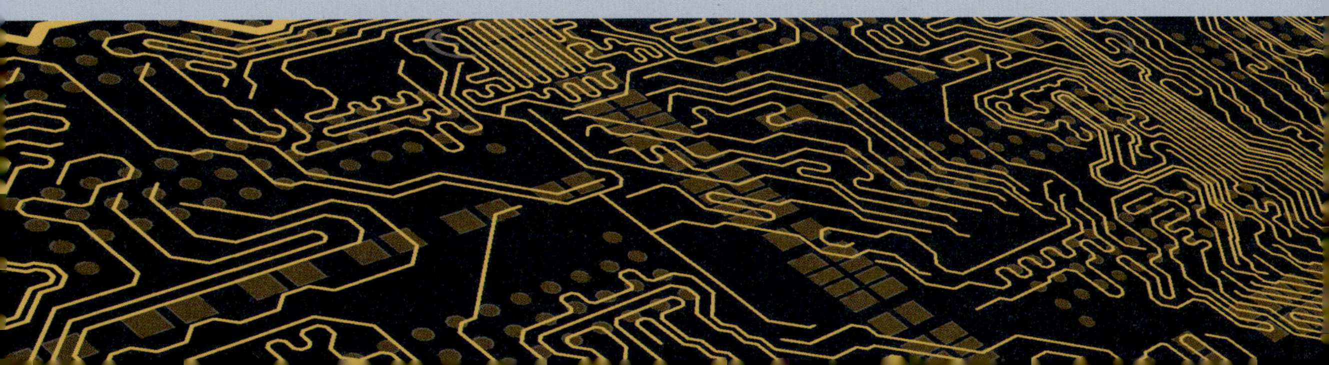

7.1 빌드-업 PCB

일반적인 MLB는 내층을 만든 다음, 이를 한 번에 적층하는 '일괄 적층'으로 만든다. 또한 층간 접속을 위해 주로 관통홀(Through Hole)을 가공하고, 그 내벽을 동으로 도금한다. 그런데 관통홀은 MLB의 모든 층을 관통하므로 그만큼 배선 회로를 배치할 공간이 줄어든다.

빌드-업 PCB는 내층을 한 층씩 적층하면서 필요한 층에만 홀을 가공하며, 이 때문에 '쌓아 올린다'는 의미의 '빌드-업(Build-up)'이라는 용어를 사용한다. 빌드-업 PCB는 관통홀을 줄일 수 있으므로 배선 밀도를 크게 높일 수 있으며, 전자기기의 경박단소화에 유리하다.[1] 빌드-업 PCB는 1960년대에 고안되었으나 공정이 복잡하고, 작업 시간과 제조비용이 증가하는 단점이 있어 실용화되지 못했다. 이후 전자기기의 경박단소화가 중요해지면서 다시 주목을 받아 1990년대에 양산이 시작되었고, 현재 중요한 PCB 제조기술의 하나가 되었다.

7.1.1 종류

빌드-업 PCB는 모든 층을 빌드-업 기술로 가공하는 '전층 빌드-업 PCB'와 빌드-업 기술을 부분적으로 적용하는 '부분 빌드-업 PCB'로 구분한다. 부분 빌드-업 PCB는 부품면(Top Layer)과 납땜면(Bottom Layer)을 빌드-업 기술로 가공한다. 이는 일괄 적층과 빌드-업 기술의 장점을 혼합한 형태의 PCB이다.

[그림 7.1]은 부분 빌드-업 PCB의 단면도이다. 그림에서 '일괄 적층'은 기존의 일괄 적층 기술로 제조된 부분이고, '빌드-업층'은 빌드-업 기술을 적용한 부분이다.

[그림 7.1]에 보인 부분 빌드-업 PCB는 '일괄 적층'을 중심으로 양쪽에 '빌드-업층'을 형성하였다. '일괄 적층' 부분에는 관통홀이 가공되어 있고, '빌드-업층'에는 일부의 층을 연결하는 'Filled Via'와 'Conformal Via'가 만들어져 있다.[2]

---

1) 고밀도로 배선을 형성한 PCB를 통칭하여 HDI(High Density Interconnection)라 하며, 이러한 관점에서 빌드-업 기술은 HDI를 실현하는 중요한 PCB 제조기술이다.

2) 빌드-업층에 가공되는 각종 비아홀은 '7.1.2절'을 참조하라.

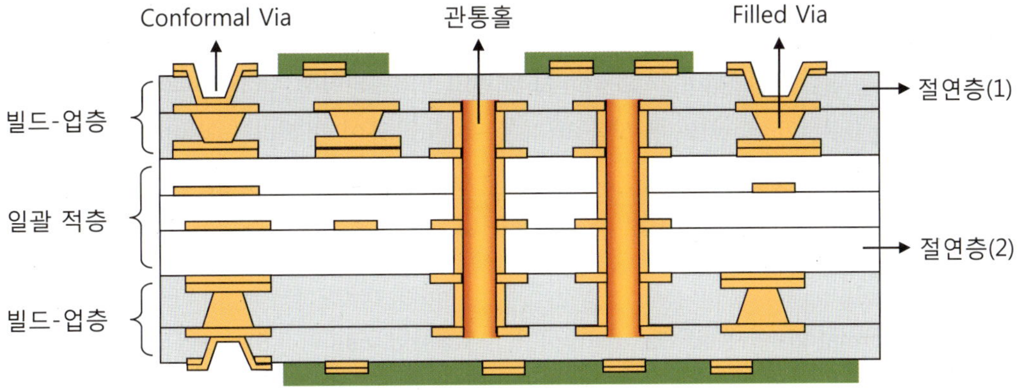

[그림 7.1] **부분 빌드-업 PCB**

[그림 7.1]을 살펴보면, 빌드-업층은 '절연층(1)'로 되어 있고, 일괄 적층은 '절연층(2)'로 되어 있다. '절연층(1)'은 유리섬유를 넣지 않는 수지이고, '절연층(2)'는 유리섬유가 포함된 일반적인 수지이다. 'Filled Via'와 'Conformal Via'는 레이저 및 포토(Photo)법으로 가공하는데, 이 방법들은 유리섬유가 포함된 절연층을 가공하지 못한다. 이 때문에 빌드-업층에는 '절연층(1)'을 사용한다.

[그림 7.2]는 전층 빌드-업 PCB의 단면도이다. 여기에는 관통홀 대신에 'Filled Via'와 'Conformal Via'가 모든 층에 가공되어 있다. 이 때문에 전체적으로 유리섬유가 없는 '절연층(1)'을 사용한다.

전층 빌드-업 PCB는 모든 층을 한 층씩 적층해야 하므로 제조 공정이 매우 복잡하고, 작업 시간과 비용이 많이 필요하다. 이 때문에 현재는 부분 빌드-업 PCB가 주로 만들어진다.

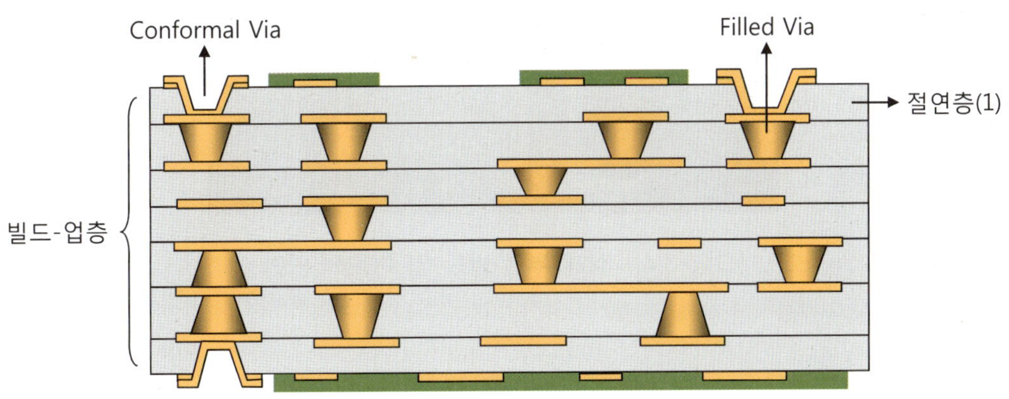

[그림 7.2] **전층 빌드-업 PCB**

7.1.2 빌드-업 PCB에 가공되는 비아홀

[그림 7.3]은 빌드-업 PCB에 가공되는 각종 비아홀이다. 먼저 'Conformal Via'는 절연층에 가공된 개구부(Window)의 형상을 따라 동을 도금하여 형성하는 비아홀이다. 'Filled Via'는 홀의 내부를 동을 비롯한 도전성 재료로 채운 비아홀이다. 이와 같이 홀의 내부를 채우면, 그 위쪽에 다른 비아홀을 가공할 수 있어 배선 밀도를 높이는데 유리하다.

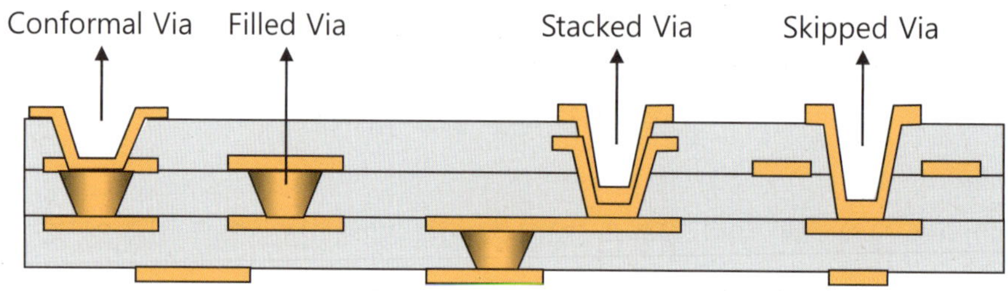

[그림 7.3] **빌드-업 PCB에 가공되는 각종 비아홀**

'Stacked Via'는 두 개의 'Conformal Via'를 차례로 가공하여 3층 이상의 층간 접속이 가능하도록 만든 비아홀이다. 또한 'Skipped Via'는 중간의 층을 건너 뛰어 떨어져 있는 층을 접속하는 비아홀이다.[3)]

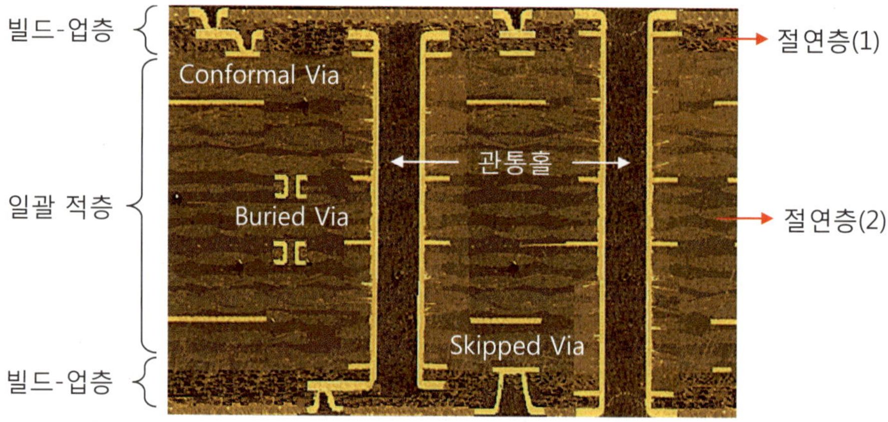

[그림 7.4] **실제 부분 빌드-업 PCB의 단면**

3) 그림에서는 1층과 3층을 연결하고 있다.

[그림 7.4]는 실제 부분 빌드-업 PCB의 단면이다. 여기에는 위에서 설명한 각종 비아홀이 빌드-업층에 만들어져 있다. 그림에서 빌드-업층의 '절연층(1)'과 일괄 적층의 '절연층(2)'를 살펴보면 소재가 다름을 알 수 있다. 한편 그림에서는 내층을 가공할 때 만든 비아홀인 'Buried Via'도 확인할 수 있다.

비아홀의 가공

레이저 또는 포토법을 이용하면, 수십 [㎛] 내외의 미세한 비아홀을 가공할 수 있다. 포토법은 감광성 수지를 노광 및 현상하여 개구부를 만들고, 동을 도금하여 비아홀을 만드는 방법이다. 이 방법의 특징은 한 번의 작업으로 기판 전체에 개구부를 만들므로 생산성이 높다는 점이다.

레이저를 이용하는 방법은 기판의 절연층을 레이저로 제거하여 개구부를 만든다. 포토법에 비해 생산성이 낮지만, 정확한 위치에 보다 미세한 비아홀을 가공할 수 있다. [그림 7.5]는 레이저로 비아홀을 가공하는 방법으로, 'Conformal Mask법'과 'Window법'이 있다.

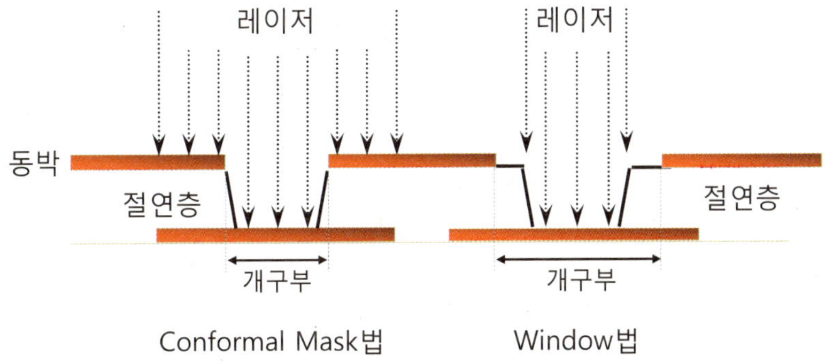

[그림 7.5] **레이저를 이용한 비아홀 가공**

Conformal Mask법은 비아홀을 가공할 곳의 동박을 제거해 개구부를 만들고, 레이저로 절연층을 제거하는 방법이다. 이때 개구부보다 빔(Beam)의 크기가 큰 레이저를 조사해도 원래의 개구부에만 비아홀이 가공된다, 즉, 비아홀의 크기가 동박의 개구부에 의해서 결정되기 때문에 'Conformal'이라는 용어를 사용한다. Conformal Mask법은 일정한 크기의 비아홀을 가공할 수 있어, 현재 가장 많이 사용된다.

Window법은 그림과 같이 개구부 보다 빔의 크기가 작은 레이저로 미세한 비아홀을 가공하는 방법이다. 이 방법은 홀의 위치가 레이저에 의하여 결정되고, 언더 컷(Under

Cut) 현상[4]이 적어 도금이 쉽다. 다만, 편심이 발생할 가능성이 높다는 단점이 있다. 그 밖의 레이저를 이용한 가공 방법으로 'Direct Drilling법'과 '플라즈마 가공법'이 있다. Direct Drilling법은 개구부를 만들지 않고 레이저 빔으로 동박과 절연층을 한 번에 가공하는 방법이다. 이를 위해 동박의 제거가 가능한 YAG 레이저(자외선 영역) 또는 엑시머(Excimer) 레이저를 사용한다.

플라즈마 가공은 개구부를 만들고, 레이저 대신에 플라즈마로 절연층을 제거하는 방법이다. 이 방법은 포토법과 마찬가지로 기판을 한 번에 가공하므로 레이저를 이용하는 방법에 비해 생산성이 높다.

더 알아보기

"레이저의 종류"

PCB에 사용되는 레이저에는 CO_2, YAG, 엑시머 레이저 등이 있다. CO_2 레이저와 YAG 레이저는 높은 에너지를 가진 레이저 빔으로 해당 부위를 태워 없애는 방식이다. 반면에 엑시머 레이저는 자외선에 의한 광화학 반응을 이용한다.

CO_2 레이저는 출력이 커서 생산성이 높으므로 빌드-업 가공에 가장 많이 사용된다. 다만, CO_2 레이저는 동박을 제거하기 어려우므로 동박을 미리 제거한 다음 절연층을 가공한다.

YAG 레이저는 빔의 크기가 작아 30㎛ 이하의 미세한 비아홀을 가공할 수 있고, 동박도 제거할 수 있는 장점이 있다. 엑시머 레이저는 빔의 크기가 YAG 레이저보다 작아 더 미세한 비아홀을 가공할 수 있다. 다만 현재로는 출력이 작아 사용에 한계가 있다.

4) 도금할 때, 특정한 부분이 도금되지 않아 빈틈이 생기는 현상이다.

7.1.3 부분 빌드-업 PCB의 제조 공정

부분 빌드-업 PCB는 절연층의 소재와 비아홀의 가공법에 따라 [표 7.1]과 같이 구분한다.

[표 7.1] 부분 빌드-업 PCB의 제조 공정

구분	절연층 소재	비아홀 가공	홀 도금 방법
❶	감광성 수지(액상)	포토법	동도금(전기, 무전해)
❷	감광성 수지(필름)		동도금(전기, 무전해)
❸	열경화성 수지(액상)	레이저 가공	동도금(전기, 무전해)
❹	열경화성 수지(필름)		도전성 페이스트 충진
❺	RCC	레이저 가공	동도금(전기, 무전해)
❻		플라즈마 가공	동도금(전기, 무전해)

감광성 수지를 이용한 제조 공정

[표 7.1]에서 '❶, ❷'로 표시한 것이 감광성 수지(액상 및 필름)를 이용한 부분 빌드-업 PCB의 제조 공정이다. 이 방법은 일괄 적층된 MLB의 양면에 감광성 수지층을 형성하고, 포토법으로 비아홀을 가공한다.

[그림 7.6]은 감광성 수지를 이용한 부분 빌드-업 PCB의 제조 공정 흐름도이다. 그림에서 ❶은 액상의 감광성 수지를 코팅하는 방법이고, ❷는 필름 형태의 감광성 수지를 이용하는 방법이다. 액상의 감광성 수지를 코팅한 경우에는 다음 단계에서 건조를 실시한다.

감광성 수지를 코팅(밀착)한 다음에는 '노광 → 현상 → 경화'를 통해 비아홀을 가공한다. 이후에 무전해 및 전기 동도금으로 홀 내벽과 기판 전체를 도금하고, 부식법으로 배선회로를 형성한다.[5] 그러면, 1개 층의 가공이 마무리되며, 그림에 나타낸 것처럼 동일한 작업을 반복하면, 빌드-업층을 추가할 수 있다. [그림 7.6]의 과정을 [그림 7.7]의 제조 공정도를 이용해 살펴보자.

5) 부식법 외에 패턴도금법을 적용할 수도 있다.

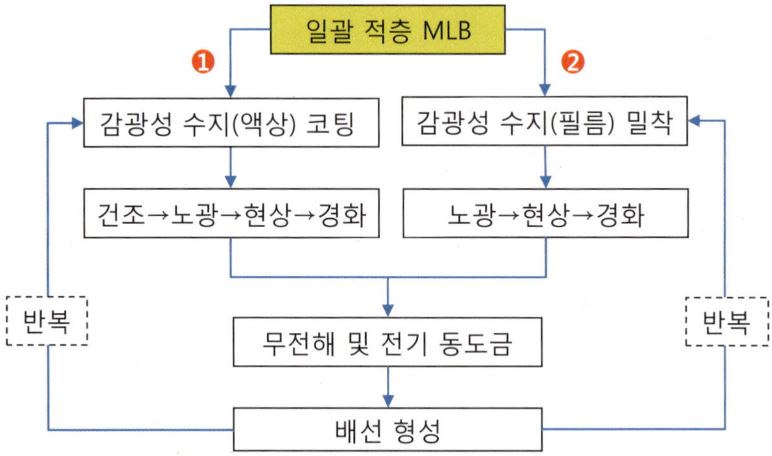

[그림 7.6] **감광성 수지를 이용한 부분 빌드-업 PCB의 제조 공정 흐름도**

[그림 7.7]은 액상 감광성 수지를 이용한 부분 빌드-업 PCB의 제조 공정도이다. 이는 일괄 적층된 MLB의 양면에 빌드-업층을 만드는 과정이다.

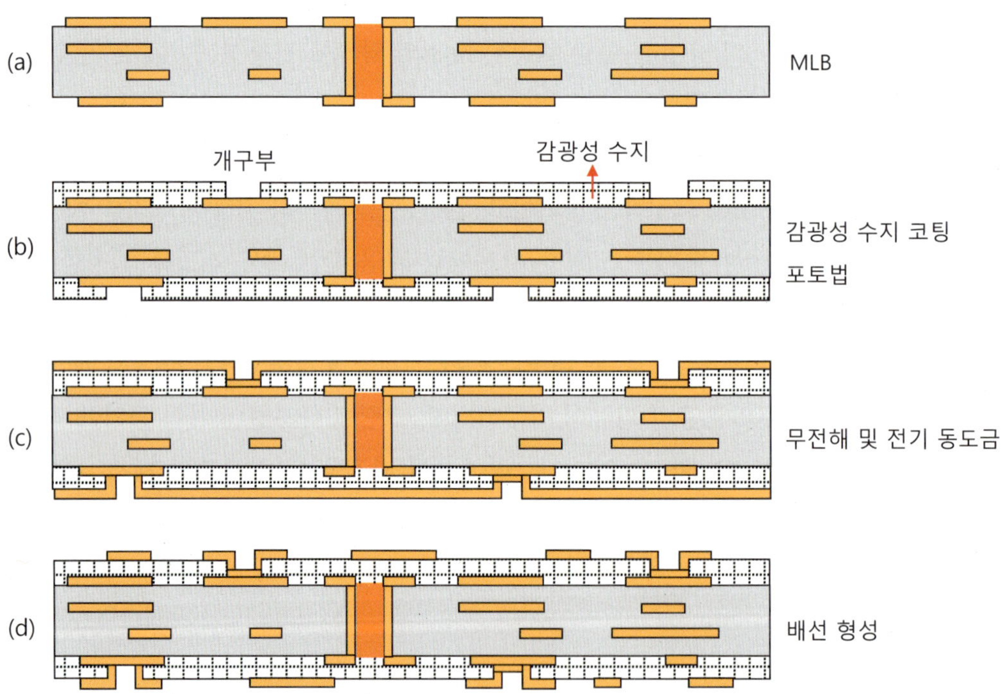

[그림 7.7] **감광성 수지를 이용한 부분 빌드-업 PCB의 제조 공정도**

먼저 그림 (a)는 관통홀을 가진 4층의 MLB이다. 그림 (b)는 MLB의 양면에 액상의 감광성 수지를 코팅하고, 포토법으로 개구부(비아홀)를 형성한 상태이다. 그림 (c)는 개구부의 벽면과 기판의 전면을 무전해 및 전기 동도금 한 상태이다. 끝으로 그림 (d)는 부식법으로 배선을 형성한 상태로, 부분 빌드-업 PCB가 완성되었다.

[표 7.2]는 감광성 수지의 상태(액상, 필름)에 따른 특성이다. 액상 감광성 수지는 하부 배선의 굴곡에 대한 추종성(Coverage)이 우수하고, 필름 감광성 수지는 표면의 평활성이 우수하고, 취급이 쉽다는 장점이 있다.

[표 7.2] 감광성 수지의 특성 비교

특성	감광성 수지(액상)	감광성 수지(필름)
추종성	우수	낮음(표면 평활성은 우수)
작업성	나쁨(건조 필요 / 취급 어려움)	좋음
가격	저가	고가
감광층 두께 설정	자유롭게 조절 가능	필름 두께에 의존
설비	건조 설비 필요	-

열경화성 수지를 이용한 제조 공정

[표 7.1]에서 '❸, ❹'는 열경화성 수지(액상 및 필름)를 이용한 부분 빌드-업 PCB의 제조 공정이다. 이 방법은 일괄 적층된 MLB에 액상 또는 필름 형태의 열경화성 수지층을 형성하고, 이를 가공하여 빌드-업층을 만든다. 열경화성 수지는 감광성이 없으므로 포토법 대신에 레이저를 이용해 개구부를 가공한다. 이후의 공정은 앞에서 설명한 감광성 수지를 이용하는 방법과 같다.

RCC를 이용한 제조 공정

RCC(Resin Coated Copper)는 동박에 절연성 수지(에폭시 수지)를 50~80[㎛] 정도 코팅한 소재이다. 이 RCC를 차례로 적층하면서 빌드-업 PCB를 만든다. RCC에 사용되는 에폭시 수지에는 레이저 및 플라즈마 가공을 위해 유리섬유와 같은 보강재를 넣지 않는다.

[그림 7.8]은 RCC에 의한 부분 빌드-업 PCB의 제조 공정 흐름도이고, [그림 7.9]는 제조 공정도이다. 이들 그림을 이용해 RCC를 이용한 제조 공정을 살펴보자.

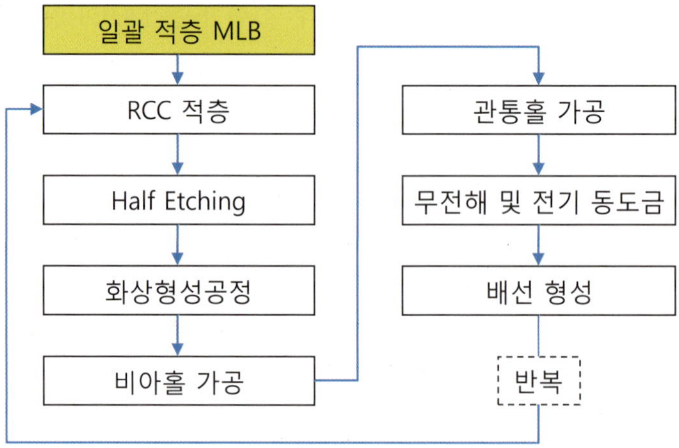

[그림 7.8] RCC에 의한 부분 빌드-업 PCB의 제조 공정 흐름도

먼저 RCC를 진공 프레스로 가열 및 가압하여 MLB의 양면에 적층한다. 다음으로 보다 미세한 배선 회로를 가공하기 위해 RCC 동박을 얇게 만드는 'Half Etching'을 행한다. 이 상태를 [그림 7.9(a)]의 공정도에 나타내었다.

다음으로 화상형성공정으로 비아홀을 만들 곳의 동박을 제거하고, 레이저 또는 플라즈마로 동박이 제거된 부분의 절연층을 제거하여 개구부를 만든다. 이와 더불어 CNC 드릴로 관통홀을 가공한다. 여기까지 가공된 상태가 [그림 7.9(b)]이다.

다음으로 [그림 7.9(c)]는 홀 내벽과 기판을 무전해 및 전기 동도금 한 상태이다. 이어서 배선을 가공하면, 양면에 빌드-업층이 만들어진다. 이 상태가 [그림 7.9(d)]이다. RCC를 다시 적층하고, 제조 공정을 반복하면, 빌드-업층을 추가할 수 있다.

RCC에 의한 빌드-업 PCB의 제조 공정은 동박과 절연층(에폭시 수지)이 일체화 된 소재를 사용하므로 절연층의 두께가 일정하다. 이 때문에 신뢰성 확보와 임피던스 제어가 쉽고, 레이저만 추가하면 일반적인 PCB 제조설비를 그대로 사용할 수 있다는 장점이 있다. 이 때문에 RCC에 의한 제조 공정이 현재 가장 많이 사용되고 있다.

RCC에 제조 공정은 동박이 전면에 덮여 있는 소재를 사용하므로 반드시 부식법으로 배선을 형성해야 한다. 이 때문에 배선의 미세화에 한계가 있으며, 이를 극복하기 위해 [그림 7.8]에 나타낸 'Half Etching' 기법을 사용한다.

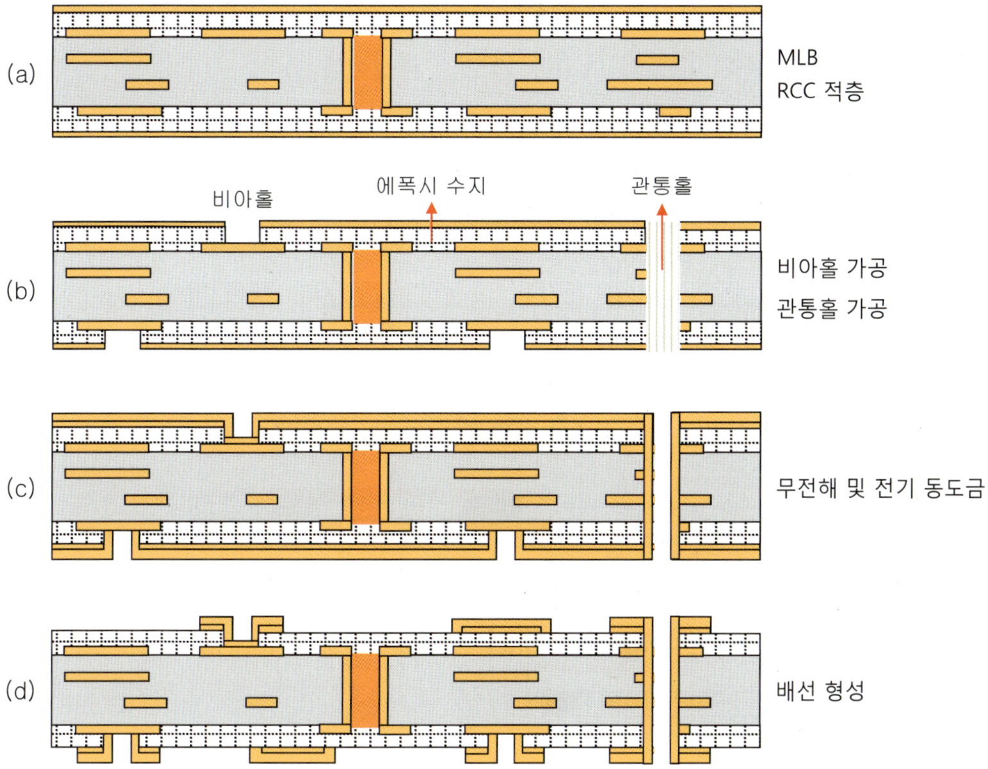

[그림 7.9] RCC에 의한 부분 빌드-업 PCB의 제조 공정

7.1.4 도전성 페이스트를 이용한 빌드-업 PCB

'7.1.3절'에서 설명한 빌드-업 PCB의 제조 공정에서는 개구부를 만들고, 그 내벽을 도금하여 비아홀을 완성한다. 따라서 개구부 가공, 디스미어 처리, 무전해 및 전기 동도금과 같은 복잡한 과정이 필요하며, 작업 시간과 제조비용도 증가한다. 이러한 빌드-업 기술의 단점을 극복하기 위해 도전성 페이스트(Paste)를 이용한 빌드-업 PCB가 개발되었다.

ALIVH 기술

ALIVH는 일본의 'Matsushita'에서 개발한 기술로, 'Any Layer Interstitial Via Hole'을 줄인 용어이다. ALIVH 기술은 아라미드(Aramid) 부직포와 에폭시 수지로 만든 프리프레그를 사용하며, 레이저로 비아홀을 가공하고, 도전성 페이스트[6]로 홀을 충진한다. 이때 아라

6) 주로 동 페이스트이다.

미드 부직포는 PCB의 치수 안정성과 절연층의 두께를 일정하게 만든다. [그림 7.10]은 ALIVH 기술로 4층의 전층 빌드-업 PCB를 만드는 과정이다.

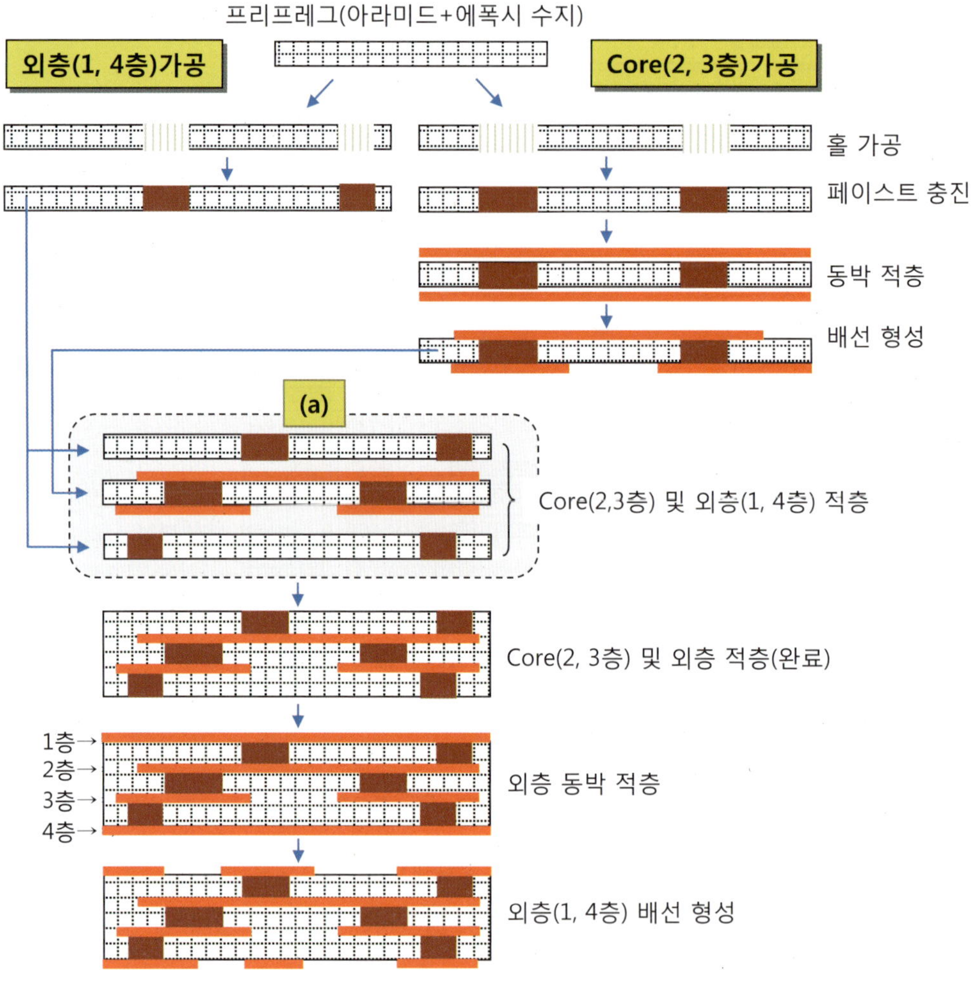

[그림 7.10] ALIVH 기술

ALIVH 기술은 'Core(2층, 3층)'와 '외층(1층, 4층)'을 별도로 가공한 다음, [그림 7.10]의 (a)와 같이 이들을 적층하여 전층 빌드-업 PCB를 완성한다. ALIVH 기술의 핵심은 도전성 페이스트로 비아홀을 채워[7] 층간을 연결하는 것이다.

7) 스크린 인쇄법을 사용한다.

B²IT 기술

B²IT 기술은 일본 'Toshiba'에서 개발한 기술로, 'Buried Bump Interconnection Technology'를 줄인 용어이다.

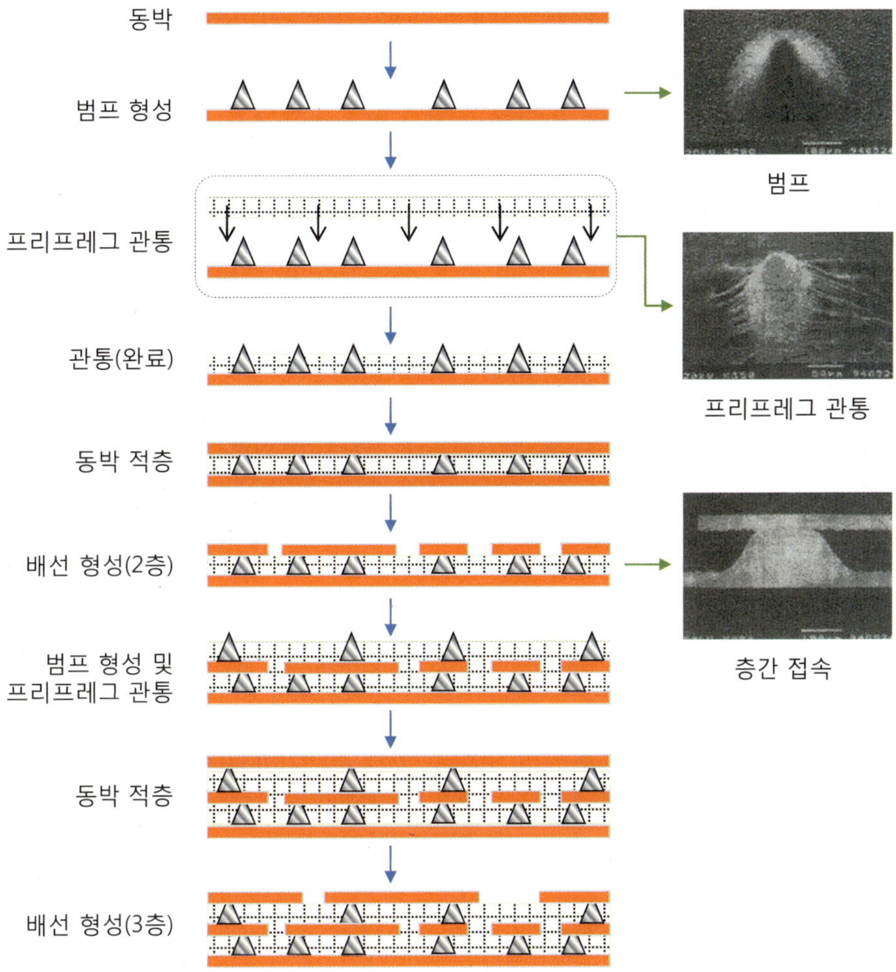

[그림 7.11] B²IT 기술

B²IT 기술은 도전성 페이스트를 스크린 인쇄하여 범프를 만들고 이것으로 프리프레그를 관통함으로써 층간을 접속하는 새로운 개념의 전층 빌드-업 PCB의 제조 기술이다. 프리프레그를 관통하기 위해 은 페이스트를 2~5회 스크린 인쇄하여 [그림 7.11]에 보인 뾰족한 범프(Bump)를 만든다.

[그림 7.11]은 뾰족한 범프로 프리프레그를 관통한 다음, 동박을 적층하고 배선을 형성함으로써 빌드-업층(1~3층)을 제조하는 과정이다. 그림에는 범프가 프리프레그를 관통하는 모습과 범프에 의해 층간 접속이 만들어진 모습을 사진으로 보였다.

B²IT 기술을 적용하면 홀 가공과 무전해 및 전기도금 공정을 없앨 수 있으므로 생산성과 원가를 크게 줄이는 효과가 있다. B²IT에서 가장 중요한 기술은 범프와 그 위에 적층된 동박의 전기적인 접속 신뢰성을 높이는 것이다.

위에서 설명한 ALIVH와 B²IT 이외에 도전성 범프로 층간을 접속하는 다양한 기술이 개발되어 있다.[8)]

7.2 IC Substrate

'IC Substrate'는 반도체 칩(Chip)을 전자제품에 실장하기 위한 매개체이다. IC Substrate로는 PCB를 비롯하여 금속 리드 프레임(Metal Lead Frame)[9)], 세라믹 기판(Ceramic Substrate)[10)], 폴리이미드 기판(Polyimide Substrate)[11)] 등이 사용된다. 이중에서 PCB는 다층으로 만들기 쉽고, 미세한 배선을 가공할 수 있으며, 가격이 저렴하기 때문에 가장 많이 사용된다.

IC Substrate로 사용되는 PCB는 다른 PCB와 구분하여 '반도체 실장용 PCB'라 하며, 일반적으로는 구분 없이 'IC Substrate' 또는 'Package 기판'이라 한다.[12)]

7.2.1 IC Substrate의 역할

[그림 7.12]는 컴퓨터의 메인 보드(Main Board)에 IC Substrate를 실장한 모습이다. IC Substrate는 반도체 칩과 메인 보드를 전기적으로 연결하고, 동작 전원을 공급하며, 신호의 입출력(I/O)을 가능하게 한다. 또한, 내장된 칩을 외부 충격으로부터 보호하는 역할도 한다.

---

8) AGP(Advanced Grade Process), NMBI(Neo Manhattan Bump Interconnection), SAVIA(Samsung Any Via) 등이 있다.
9) 얇은 금속판을 가공하여 반도체 칩에 신호와 전원을 공급하는 배선을 형성하여 놓은 것이다. 소재로는 동이 포함된 합금이 주로 사용되며, 단면 배선만을 가공할 수 있어 반도체의 고집적화에 대응하기 어렵다.
10) PCB에 비해 유전율이 높아 전기적인 특성이 떨어진다. PCB로 대치되고 있다.
11) 폴리이미드의 굴곡성을 이용해, 주로 디스플레이의 드라이버 IC에 적용된다.
12) '1.2절'을 참조하라.

[그림 7.12] **메인 보드에 실장된 IC Substrate**

IC Substrate를 사용하면, 다음과 같은 이점이 있다.

❶ 고도로 집적화된 반도체 칩을 곧바로 메인 보드에 실장하려면, 메인 보드의 배선을 미세하게 가공해야 하므로 제조비용이 크게 증가된다. IC Substrate를 사용하면, 메인 보드를 일반적인 수준으로 가공할 수 있어 제조원가를 낮출 수 있다.

❷ 반도체 칩을 메인 보드에 직접 실장하려면 양품 여부를 먼저 검사하여야 하는데, 크기가 작은 칩을 직접 검사하려면 많은 비용과 고도의 기술이 필요하다. 이 때문에 IC Substrate 상태로 검사한 후 실장하는 것이 유리하다.

❸ 규격이 표준화된 IC Substrate를 사용하면, 제품의 설계와 자동 실장에 유리하다.

❹ 신뢰성과 열 방출 특성 및 전기적 특성이 향상된다.

7.2.2 접속 방법

반도체 칩과 IC Substrate는 와이어 본딩(Wire Bonding), 플립 칩 본딩(Flip Chip Bonding), ACF 본딩, TAB(Tape Automated Bonding) 등을 이용해 접속한다. 이러한 접속을 'Interconnection'이라 한다.

와이어 본딩

와이어 본딩은 20~30[㎛] 직경의 금(Au) 와이어로 반도체 칩의 패드와 IC Substrate의 본딩 패드를 연결한다. 이 방법은 와이어의 당김 강도(Pull Strength)가 적정 수준이 되도록 가공하는 것이 중요하다. 이를 위해 IC Substrate의 본딩 패드에 일정한 두께로 금이나 은 또는 팔라듐을 도금한다. [그림 7.13]은 와이어 본딩한 IC Substrate이다.

[그림 7.13] 와이어 본딩

플립 칩 본딩

플립 칩 본딩은 칩의 본딩용 패드와 IC Substrate에 각각 범프를 만든 다음, 리플로우(Reflow)13)나 열압착으로 한 번에 접속하는 방법이다. 칩에 형성하는 범프는 높이가 70~100[㎛]이고, 직경이 100~125[㎛] 정도이다. [그림 7.14]는 플립 칩 본딩한 IC Substrate이다.

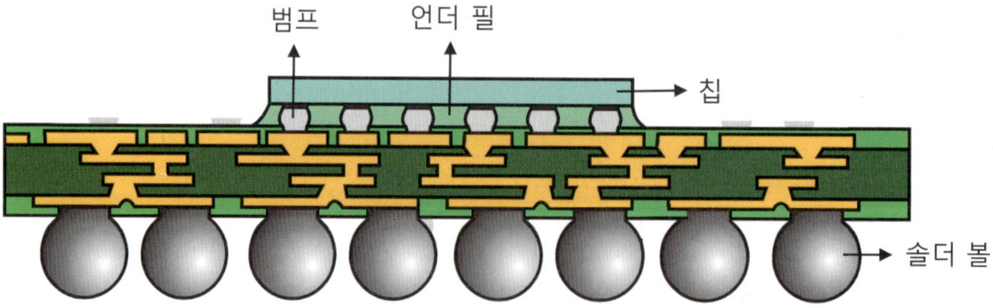

[그림 7.14] 플립 칩 본딩

13) IC Substrate상에 만들어 놓은 솔더 범프를 용해시키면서 칩의 범프와 접속시키는 작업이다.

칩의 본딩용 패드는 표면에 있으므로 이를 IC Substrate와 본딩하려면, 칩을 뒤집어야 한다. 이 때문에 'Flip'이라는 용어를 사용한다. 플립 칩 본딩에서는 패드간의 접착 강도[14]를 높이는 것이 중요하다. 이를 위해 금을 도금하거나 OSP로 표면을 처리하여 산화를 방지하고 납땜 특성을 향상시킨다.

플립 칩 본딩은 와이어 본딩에 비해 전기적인 연결이 짧고, 본딩 와이어의 인덕턴스 성분을 없앨 수 있으므로 전기적인 특성이 향상된다. 또한 크기를 줄일 수 있고, 더 많은 입출력에 대응할 수 있다는 장점도 있다. [그림 7.14]에 보인 IC Substrate는 솔더 볼(Solder Ball)을 통해 메인 보드와 접속한다.

본딩 후에는 칩과 IC Substrate 사이의 빈 공간에 액상의 에폭시 수지를 흘려 넣고 경화시키는 '언더 필(Under Fill)' 공정을 행한다. 언더 필을 행하면, 칩과 IC Substrate의 열팽창 차이로 인한 접속점(범프)의 스트레스를 줄일 수 있다. [그림 7.14]에서 언더 필을 확인할 수 있다.

IC Substrate의 범프는 인쇄법, 전기도금법, Solder Jetting법, 솔더 볼 부착법 등으로 형성한다. 이 중에서 솔더 페이스트를 인쇄하여 범프를 형성하는 방법이 가장 많이 사용된다. 인쇄법으로 형성한 솔더 범프들은 솔더 페이스트의 양이 일정하지 않으면, 높이가 달라진다. 이 경우에는 평평한 헤드로 범프를 눌러 높이를 일정하게 만드는 코이닝(Coining) 공정을 행한다.

ACF 본딩

ACF 본딩은 ACF(Anisotropy Conductive Film ; 이방성 도전필름)를 이용해 칩과 IC Substrate를 접속한다. ACF 본딩도 칩을 뒤집는 플립 칩 방식의 일종이다. ACF는 X 및 Y 방향으로는 전기를 통하지 않고 Z 방향으로만 전기를 통하도록 필름내부에 전도성 금속 입자들을 분포시킨 필름이다. ACF를 이용하면 IC Substrate에 범프를 형성하지 않고 칩을 접속할 수 있다. 접속을 위해 칩에만 니켈(Ni)로 범프를 만든다.

[그림 7.15]는 ACF 본딩한 IC Substrate로, ACF에 의하여 칩의 범프와 IC Substrate가 Z 방향으로 접속된다. ACF 본딩은 IC Substrate에 범프를 형성하지 않으므로 플립 칩 본딩보다 편리하다.

14) 이를 Solder Joint Strength라고 한다.

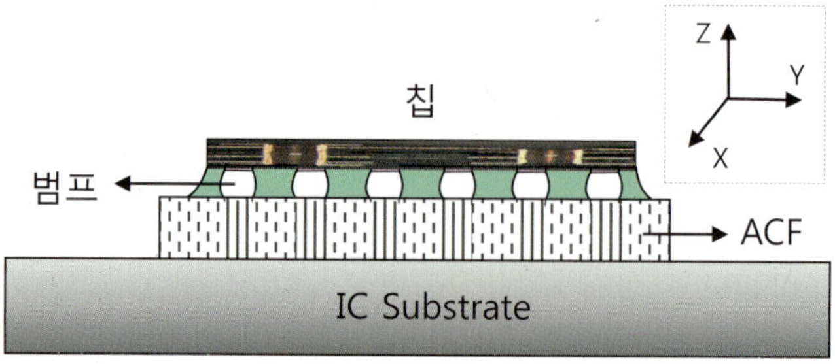

[그림 7.15] ACF 본딩

TAB

TAB(Tape Automated Bonding)는 굴곡성을 가진 폴리이미드를 사용하는 접속 방식이다. 이 방법은 플립 칩 본딩과 비슷하게 칩에 만들어 놓은 범프와 폴리이미드 Substrate 상의 본딩 패드를 정렬시킨 후 열과 압력을 가하여 일괄적으로 접속하는 방식이다. TAB는 폴리이미드 기판의 굴곡성을 활용하여 LCD와 같은 디스플레이 장치에 사용되는 DDI(Display Driver IC)용 Substrate로 주로 사용된다.

7.2.3 실장 방식의 발전

PCB에 부품을 실장하는 전통적인 기술은 [그림 7.16]에 보인 IMT(Insert Mounting Technology)이다. 이 기술은 기판에 만든 리드(Lead) 삽입용 관통홀에 부품의 리드를 삽입하고 납땜하여 실장한다.

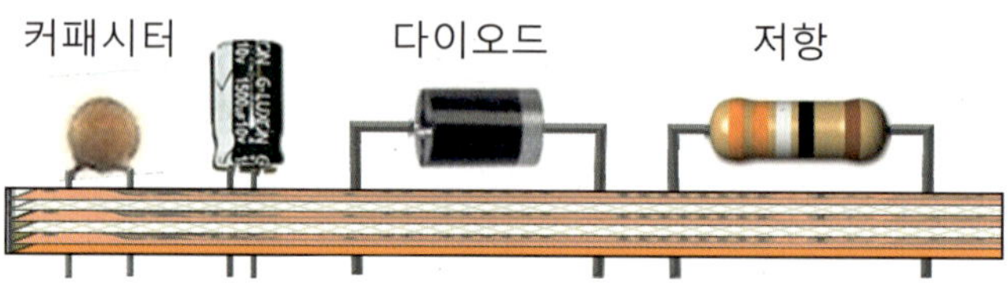

[그림 7.16] IMT

대표적인 IMT 방식의 IC Substrate는 [그림 7.17]에 보인 DIP(Dual In-Line Package)와 PGA(Pin Grid Array)가 있다.

DIP PGA

[그림 7.17] DIP와 PGA

IMT는 영역이 많이 필요하고, 다수의 관통홀을 가공해야 하므로 입출력 핀 수가 많고 핀 간격이 매우 작은 최근의 IC 칩에는 적용하기 어렵다. 이 때문에 SMT(Surface Mounting Technology ; 표면실장기술)가 개발되었으며, 여기에 적용할 수 있도록 만든 전자부품을 SMD(Surface Mounted Device)라 한다.

[그림 7.18]은 초기의 대표적인 SMD인 QFP(Quad Flat Package)이다. QFP는 부품의 바깥쪽에 패드 모양으로 만든 리드를 배치하고, 이를 이용해 메인 보드와 접속한다. 그림 (a)는 QFP의 외형이고, 그림 (b)는 QFP를 실장한 모습이다. QFP는 관통홀을 가공하지 않으므로 IMT보다는 발전된 기술이지만, 부품 바깥쪽에 배치된 패드 때문에 부품의 실장 밀도를 높이는데 한계가 있다.

(a) (b)

[그림 7.18] QFP

QFP의 한계를 극복하기 위하여 IC Substrate의 아래쪽에 솔더 볼을 배치하여 기판과 접속하는 새로운 실장 방식이 개발되었다. 이것이 BGA(Ball Grid Array)이며, 현재 가장 많이 사용되는 실장 방식이다. BGA는 QFP와는 달리 부품의 주변영역을 사용하지 않으므로 고밀도 실장이 가능하다.

7.2.4 IC Substrate의 종류

BGA

솔더 볼을 이용해 메인 보드와 접속하는 방식의 IC Substrate이다. BGA는 실장 방식과 소재에 따라 다양한 종류가 있으며, 이 책에서는 대표적인 몇 가지를 소개한다.

❶ PBGA

PBGA는 BT 수지(Bismaleimide Triazine Resin)와 같은 열경화성 수지로 만든 BGA이다. BT 수지는 열 저항성아 높고, 전기적인 절연특성과 기계적인 물성이 우수하여 가장 많이 사용된다. [그림 7.19]는 PBGA(Plastic BGA)의 단면 구조이다.

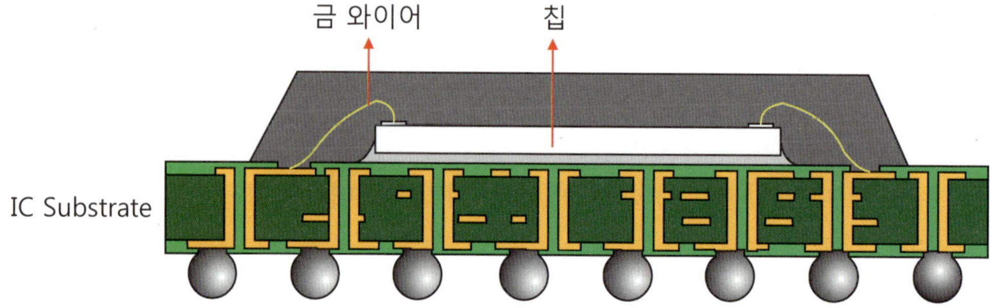

[그림 7.19] PBGA의 단면 구조

PBGA는 그림과 같이 칩을 와이어 본딩하고, 하부의 솔더 볼을 이용해 메인 보드와 접속한다. 다른 소재를 사용한 CBGA(Ceramic BGA), TBGA(Tape BGA)도 있다. PBGA는 MPU(Micro Processor Unit), 칩셋(Chipset), 그래픽 칩, 메모리와 같은 PC용 부품에 많이 적용된다.

[그림 7.19]에 보인 솔더 볼은 페이스트와 메탈 마스크를 이용해 인쇄하거나, 만들어진 솔더 볼을 진공으로 흡착한 다음 리플로우 처리하여 부착한다. [그림 7.20]은 BGA 방식의 IC Substrate를 메인 보드에 실장한 모습이다. 위쪽의 측면 사진을 살펴보면, IC Substrate와 메인 보드를 접속하고 있는 솔더 볼이 보인다.

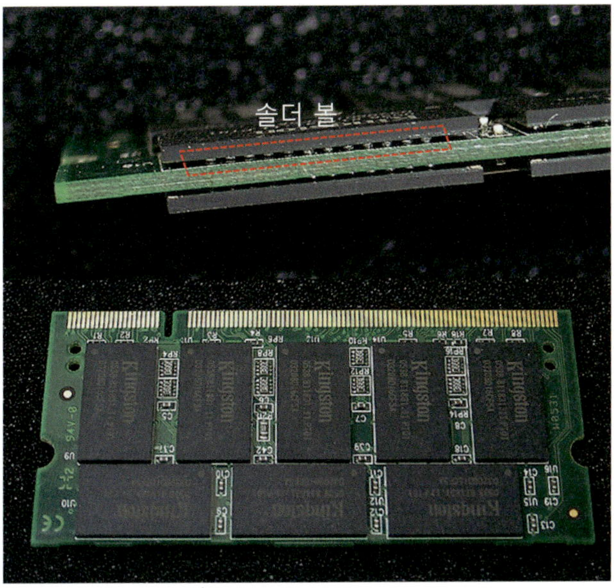

[그림 7.20] BGA를 실장한 모습

❷ EBGA

EBGA(Enhanced BGA)는 열 방출 성능을 높인 IC Substrate이다. 이는 몸체 가운데에 빈 부분(Cavity)을 만들고, 그 아래에 금속으로 된 방열판(Heat sink)를 붙인 후 칩을 탑재한 구조이다. 이러한 특성 때문에 EBGA는 열 발생이 많은 그래픽 칩이나 게임기용 CPU 등에 주로 사용된다. EBGA도 칩을 와이어 본딩하며, 소재로는 PBGA와 같은 BT 수지를 사용한다. [그림 7.21]은 EBGA의 단면 구조이고, [그림 7.22]는 실제 모습이다.

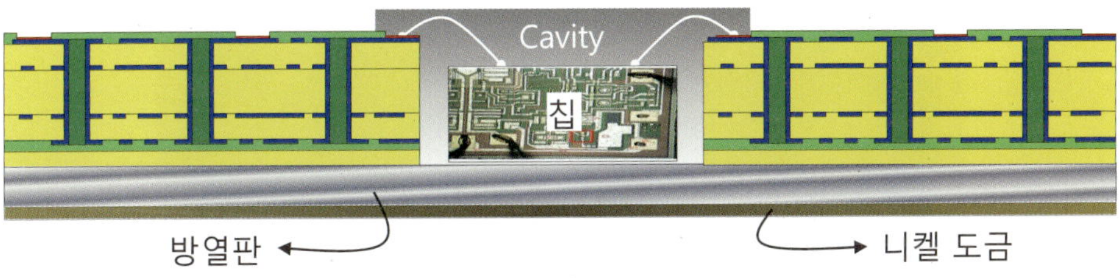

[그림 7.21] EBGA의 단면 구조

[그림 7.22] EBGA

❸ FCBGA

FCBGA(Flip Chip BGA)는 플립 칩 방식의 IC Substrate이다. [그림 7.23]은 FCBGA의 단면 구조로, 빌드-업 기술도 적용되어 있다. FCBGA는 플립 칩 방식을 사용하므로 전기적인 특성이 향상되고, 전체적인 크기가 줄며, 더 많은 입출력에 대응할 수 있는 장점이 있다. [그림 7.24]는 FCBGA의 실제 모습이다.

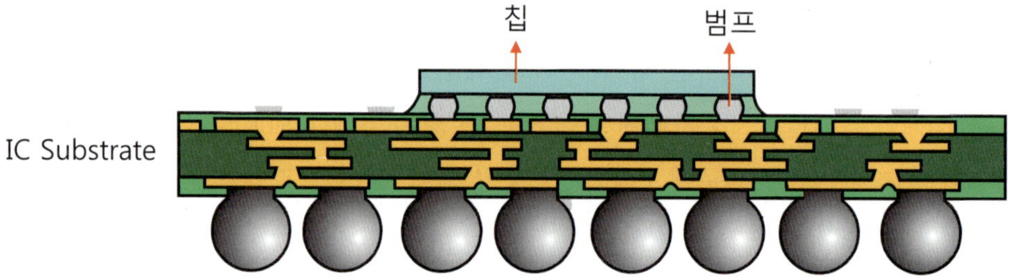

[그림 7.23] FCBGA

[그림 7.24] FCBGA

FCPGA

FCBGA는 메인 보드에 한번 실장하면 탈부착이 불가능하다. 이 때문에 탈부착이 필요한 부품[15]은 FCBGA 대신에 FCPGA(Flip Chip Pin Grid Array)를 사용한다. FCPGA는 IC Substrate의 아래쪽에 솔더 볼 대신에 핀을 만들어 메인 보드와 접속한다.

[그림 7.25]는 FCPGA를 메인 보드에 실장하는 방법이다. 먼저 그림 (a)는 FCPGA를 고정시키는 소켓(Socket)이다. 소켓에는 그림과 같이 여러 개의 '핀 삽입용 홀'이 만들어져 있으며, 여기에 FCPGA의 핀을 삽입하고, 레버(Lever)를 이용해 고정한다. 그림 (b)는 FCPGA를 메인 보드에 실장하는 모습이다. 메인 보드에는 소켓이 납땜되어 있으며, 이 소켓에 FCPGA의 핀을 삽입한다. FCPGA는 소켓의 레버를 열면 언제든지 탈부착이 가능하다.

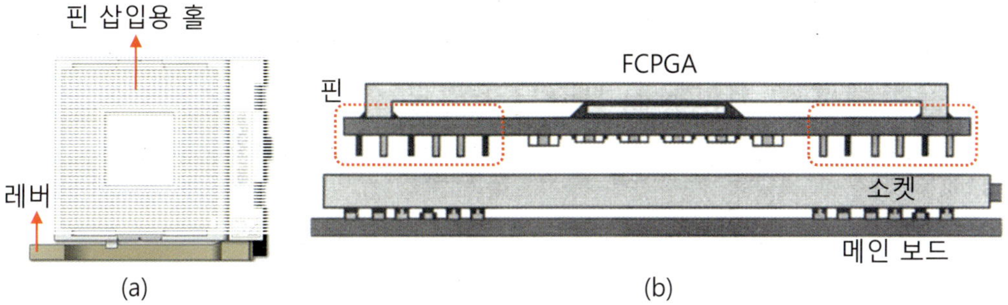

[그림 7.25] FCPGA의 실장 방법

[그림 7.26]은 실제로 FCPGA를 실장한 모습이다. 그림 (a)는 소켓이 메인 보드에 납땜되어 있는 모습이고, 그림 (b)는 소켓에 FCPGA를 삽입하여 고정시킨 모습이다.

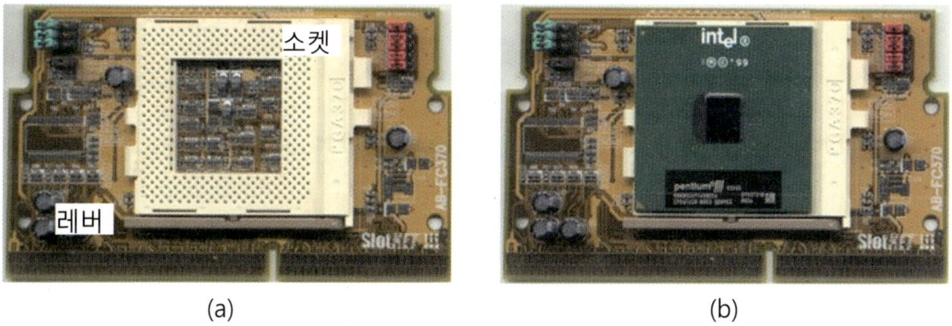

[그림 7.26] FCPGA를 실장한 모습

15) 컴퓨터의 CPU는 탈부착이 필요하다.

FCLGA

FCPGA는 1.27mm 이하의 핀 간격[16]을 가진 부품에는 적용하기 어렵다. 이러한 문제를 해결하기 위해 FCLGA(Flip Chip Land Grid Array)가 개발되었다. FCLGA는 IC Substrate에는 핀 대신에 랜드(패드)를 만들고, 소켓에는 높은 탄성을 가진 핀을 설치하여 실장하는 방식이다.

[그림 7.27]은 FCLGA를 메인 보드에 실장하는 방법이다. 그림에서 FCLGA는 아랫면에 랜드를 가지고 있다. 반면에 소켓에는 그림과 같이 탄성이 있는 핀이 설치되어 있다. 이들을 밀착시키면, 핀의 탄성으로 인해 안정적인 접속이 이루어진다.

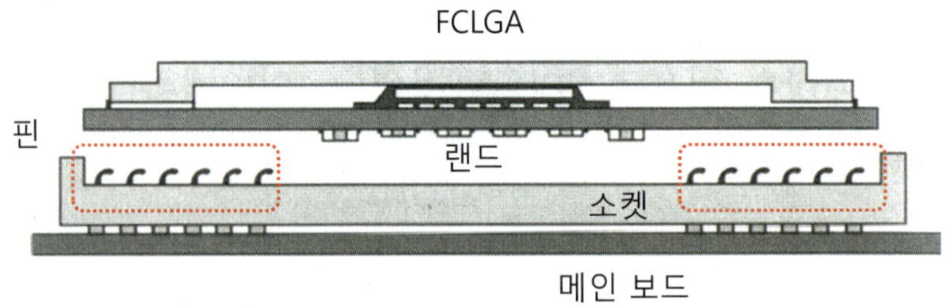

[그림 7.27] FCLGA의 실장 방법

FCLGA 방식은 IC Substrate에 핀을 만드는 이른바 'Pinning' 작업을 없앨 수 있어 FCPGA 방식에 비하여 제조원가를 낮출 수 있고, 패키지(Package)의 크기도 줄일 수 있다. [그림 7.28]은 FCLGA의 실제 모습이다. 그림에서 접속용 핀과 고정용 레버를 가진 소켓과 FCLGA를 확인할 수 있다. 그림의 오른쪽에 보이는 것은 FCLGA의 아랫면으로, 랜드가 만들어져 있다.

16) 이를 '피치(Pitch)'라 한다.

[그림 7.28] FCLGA 제품

CSP

CSP(Chip Scale Package)는 칩과 크기가 같거나 약간 큰(1.2배 정도) IC Substrate를 나타내는 용어이다. CSP는 경박단소화가 필요한 핸드폰과 같은 휴대용 전자기기에 많이 사용된다. BGA에 비하여 두께가 얇고, 패키지의 크기와 입출력의 수가 적으며, 층 수도 작다. 이러한 특징을 제외하면 CSP는 앞에서 설명한 PBGA에 속한다.

일반적인 CSP와 여러 개의 칩을 수직으로 쌓아 만든 MCP(Multi Chip Package), DDR(Double Data Rate) 메모리에 주로 사용되는 BOC(Board On Chip), 다른 종류의 여러가지 칩이 내장된 SiP(System in Chip) 등이 있다.

❶ MCP

MCP(Multi Chip Package)는 여러 개의 칩을 수직으로 쌓아서 만든 IC Substrate이다.[17] MCP는 일반적인 IC Substrate에 비해 실장 면적을 줄이고, 제조비용도 낮출 수 있다. 반도체의 두께가 감소하고 있어 MCP 방식을 사용하여도 패키지의 두께는 문제가 되지 않는다. [그림 7.29]는 MCP의 모습으로, 그림 (a)는 단면 구조이고, 그림 (b)는 일부분을 절개한 외형이다. 그림에 보인 MCP는 4개의 칩을 수직으로 쌓은 다음, 각각을 와이어 본딩하였다.

17) 'Stacked CSP'라고도 한다.

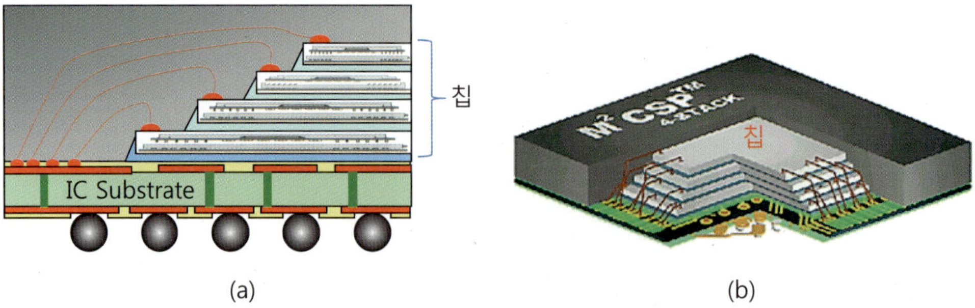

[그림 7.29] MCP

[그림 7.30]은 하이브리드(Hybrid) 방식의 MCP로, 바닥면의 칩은 플립 칩 방식으로 본딩하고, 다른 칩은 와이어 본딩으로 연결하였다.

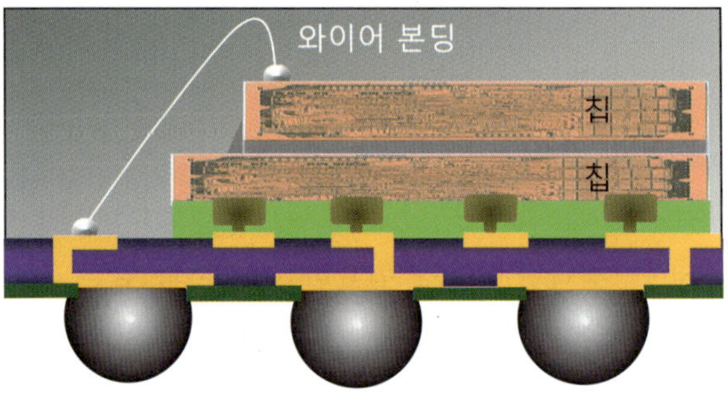

[그림 7.30] 하이브리드 방식의 MCP

❷ BOC

BOC(Board On Chip)는 주로 DDR 메모리에 사용되는 IC Substrate이다. 기존의 리드 프레임에 칩을 부착하는 방식으로는 고속의 메모리를 만드는데 한계가 있으며, 이를 극복하기 위해 BOC 구조가 개발되었다. BOC는 [그림 7.31]과 같이 칩을 몸체 가운데의 빈 공간을 통해 와이어 본딩하여 만든다. 그림을 살펴보면, 아래쪽에 칩이 놓여 있고 그 위에 IC Substrate가 놓인 'Board On Chip' 구조가 만들어져 있음을 알 수 있다.

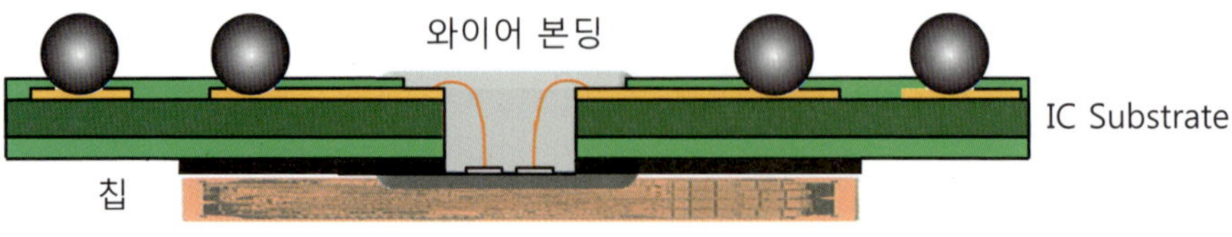

[그림 7.31] BOC의 단면 구조

❸ SiP

SiP(System in Package)는 하나의 패키지 안에 다양한 기능의 칩이 결합되어 있는 IC Substrate이다. 각각의 칩을 별도의 IC Substrate로 제작할 때보다 실장 효율과 동작특성을 향상시킬 수 있는 경우에 만든다. 여러 가지 칩을 하나의 패키지로 만든 것이므로 'System' 이라는 용어를 사용한다. SiP의 주요 용도는 일반적인 CSP와 마찬가지로 휴대형 전자기기 이다.

[그림 7.32]는 SiP의 단면 구조이다. 이는 기본적으로 BGA로 되어 있으며, 수동소자를 포함하여 다른 종류의 칩이 부착되어 있다. [그림 7.33]은 SiP의 실제적인 모습이다.

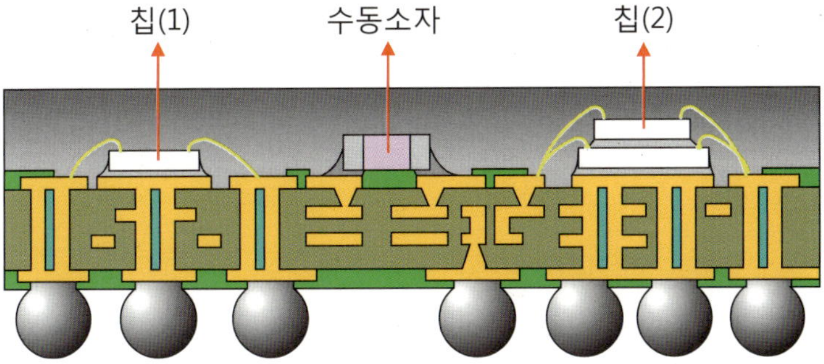

[그림 7.32] SiP의 단면 구조

[그림 7.33] SiP

❹ FCCSP

FCCSP(Flip Chip CSP)는 플립 칩 방식의 CSP이다. 플립 칩 방식이므로 전기적인 특성이 향상되고 패키지의 크기도 감소된다. 또한 와이어가 없기 때문에 인덕턴스를 줄일 수 있고, 배선 밀도를 높일 수 있다. 이 때문에 CSP와 FCBGA의 중간 단계의 성능이 필요한 경우에 많이 적용된다. [그림 7.34]는 FCCSP의 단면 구조이다.

[그림 7.34] FCCSP의 단면 구조

WLP

WLP(Wafer Level Package)는 웨이퍼에서 칩을 잘라내지 않고, 그대로 패키지로 만드는 획기적인 방식의 IC Substrate이다. WLP는 패키지의 크기와 칩의 크기가 같으므로 WLCSP(Wafer Level Chip Scale Package)라고도 한다.

[그림 7.35]는 WLP의 단면 구조[18]로, 알루미늄(Al) 패드와 동 배선[19]을 이용해 칩과 솔더 볼을 연결한다. 절연층의 소재는 폴리이미드이며, 칩을 보호하기 위한 보호코팅(Passivation)이 칩과 절연층 사이에 형성되어 있다.[20] 솔더 볼 아래에는 신뢰성을 높이기 위해 UBM(Under Bump Metal)이 형성되어 있다.

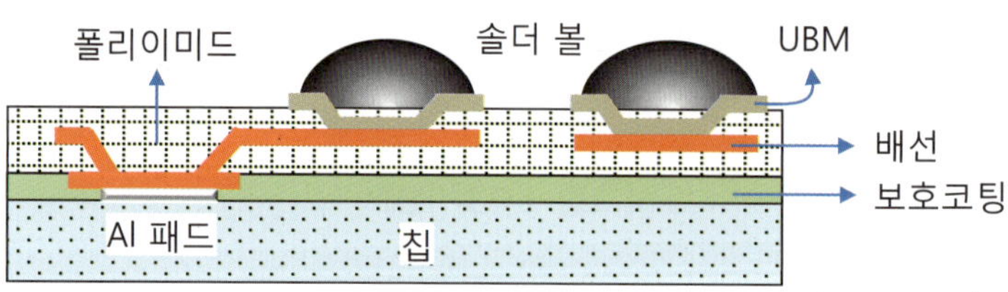

[그림 7.35] WLP의 단면 구조

18) 이는 1개의 칩만을 나타낸 것이며, 실제로는 웨이퍼 전체의 모든 칩에 동일한 구조가 만들어진다.
19) 웨이퍼의 앞면만을 도금액에 담그는 방법으로 동을 전기도금하고, 가공하여 배선을 형성한다.
20) 보호코팅으로는 실리콘 질화막(Silicon Nitride)이 사용된다.

WLP는 수십 내지 수백 개의 칩을 동시에 가공하므로 제조비용을 크게 낮출 수 있다. 반면에 언더 필이 없어 칩 연결 부분의 신뢰성(Solder Joint Reliability)이 낮다. 또한 외부 접속 단자들을 한정된 칩 영역 내에 제작해야 하므로 고기능의 IC에는 적용하기 어렵다.[21) 현재로 WLP는 EEPROM(Electrically Erasable Programmable Read Only Memory), MCU(Micro Controller Unit), IPD(Integrated Passive Devices) 등에 적용되고 있다. [그림 7.36]은 WLP의 실제 모습이다.

[그림 7.36] WLP의 실제 모습

21) 일반적으로 100핀 이하의 IC 제품에 주로 적용된다.

셀프테스트
Self Test

chapter 07

1 다음 중에서 내층을 한 번에 적층하여 MLB를 만드는 작업을 나타내는 용어는 무엇인가?

① 일괄 적층 ② 1차 적층
③ 2차 적층 ④ 빌드-업 적층

2 관통홀은 MLB의 모든 층을 관통하므로 배선을 배치할 공간이 (늘어난다, 줄어든다)

3 빌드-업층에는 유리섬유 보강재가 들어 있지 않다. (○, ×)

4 아래 그림은 각종 비아홀이 가공된 부분 빌드-업 PCB의 단면이다. 그림에 표시된 비아홀(①~④)의 이름을 아래에 써 넣어라.

- ① : ( ) • ② : ( )
- ③ : ( ) • ④ : ( )

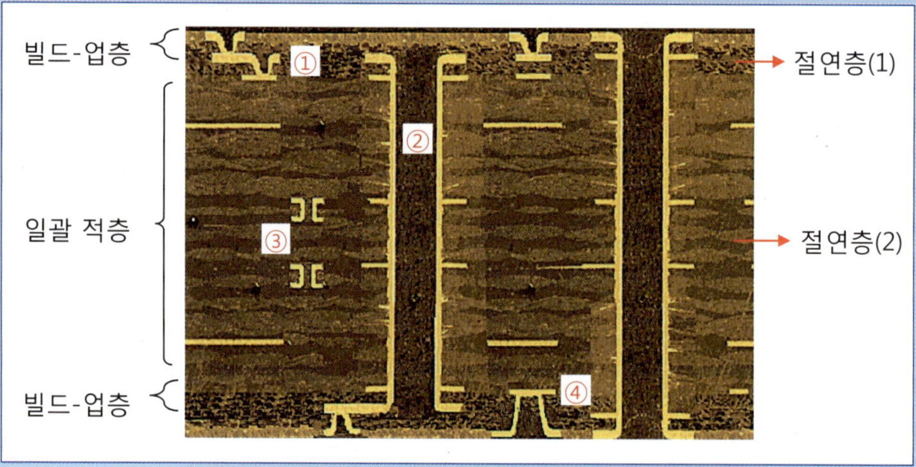

[그림] 부분 빌드-업 PCB의 단면

5 YAG 레이저와 엑시머(Excimer) 레이저는 동박을 제거할 수 없다. (○, ×)

6 다음 중에서 RCC를 이용한 빌드-업 제조 공정의 특성이 아닌 것은 무엇인가?
① RCC는 동박에 절연성 수지를 코팅한 소재이다
② 신뢰성 확보와 임피던스 제어가 쉽다
③ 현재 가장 많이 사용되는 방법이다
④ 비아홀의 내벽을 도전성 페이스트로 충진한다
⑤ Half Etching 기법을 사용한다.

7 다음 중에서 뾰족한 범프(Bump)를 만드는 빌드-업 PCB의 가공 기술은 무엇인가?
① ALIVH ② B^2IT ③ AGP
④ NMBI ⑤ SAVIA

8 IC Substrate로 가장 많이 사용되는 것은 (PCB, 리드 프레임, 세라믹 기판, 폴리이미드 기판)이다.

9 다음 중에서 IC Substrate의 역할이 아닌 것은 무엇인가?
① 반도체 칩과 메인 보드를 전기적으로 연결한다
② 동작 전원을 공급한다
③ 내장된 칩을 외부 충격으로부터 보호한다
④ 메인 보드 없이 전자기기를 제작할 수 있다

10 IC Substrate의 접속 방법을 2가지 이상 제시하라.
( ), ( ), ( )

11 플립 칩 본딩 후에 칩과 IC Substrate 사이의 빈 공간에 에폭시 수지를 흘려 넣고 경화시키는 공정을 무엇이라 하는가? ( )

12 다음 중에서 IC Substrate에 범프를 형성하지 않고 칩을 접속하는 방법은 무엇인가?
① ACF ② 와이어 본딩
③ TAB ④ 플립 칩 본딩

13 (BGA, QFP)는 부품의 주변영역을 사용하지 않아 고밀도 실장이 가능하다.

14 다음 중에서 열 방출 성능을 높인 IC Substrate는 무엇인가?

① MCP　② CSP
③ EBGA　④ FCPGA

15 다음 중에서 IC Substrate에는 랜드를 만들고, 소켓에는 높은 탄성을 가진 핀을 만드는 접속 방식은 무엇인가?

① FCPGA　② FCLGA
③ FCBGA　④ PBGA

16 웨이퍼에서 칩을 잘라내지 않고 그대로 패키지로 만드는 IC Substrate는 (CSP, AGP, MCP, WLP)이다.

Chapter

08

최신 PCB 제조기술

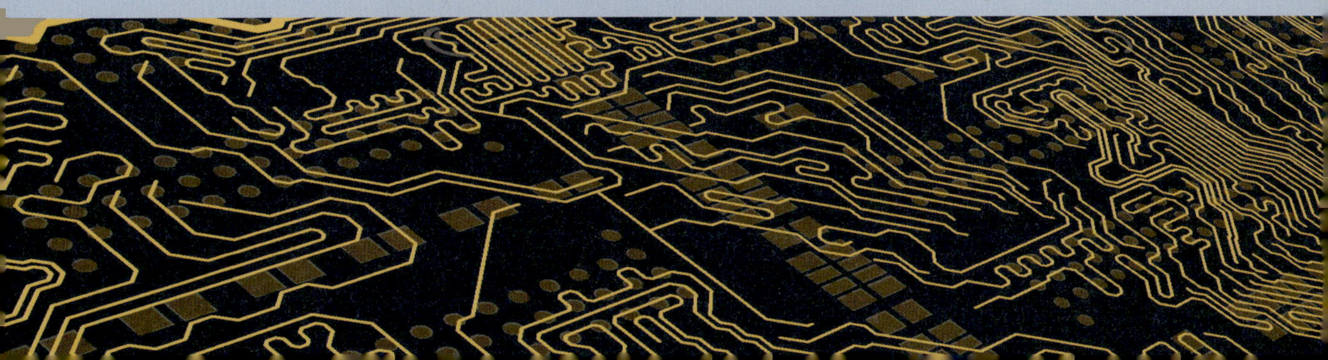

8.1 Semi-Additive 기술

8.1.1 측면 부식의 문제

현재의 주된 PCB 제조기술은 부식법에 의한 'Subtractive 기술'이다. 이는 기판의 전면에 동을 입히고, 필요 없는 부분을 부식하여 배선을 형성하는 기술이다. Subtractive 기술은 [그림 8.1]과 같이 D/F를 부식레지스트로 이용하여 배선을 보호하면서 다른 동박은 부식액으로 제거한다. 그런데 이 방법을 사용하면 [그림 8.1]과 같이 부식 과정 중에 배선의 옆면이 부식되어 배선폭이 감소되는 측면 부식이 생긴다. Subtractive 기술은 특성상 측면 부식이 항상 생기며, 이에 대한 대책은 설비와 공정조건을 개선하여 측면 부식을 최소화하는 것이다.

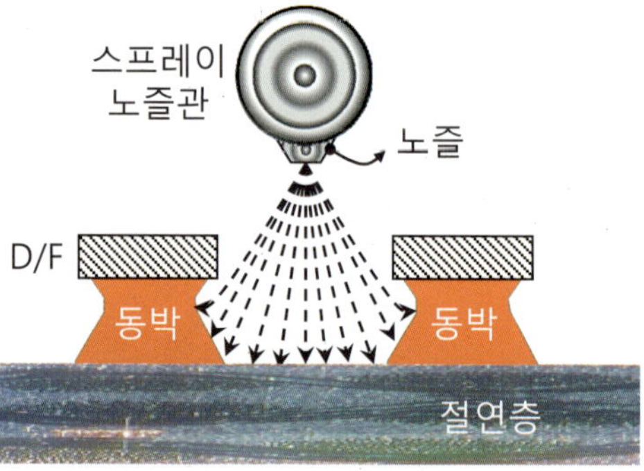

[그림 8.1] 측면 부식

[그림 8.2]는 Subtractive 기술로 형성한 배선의 단면이다. [그림 8.1]에 보인 것처럼 위쪽의 배선폭이 감소된 배선이 형성되었다. [그림 8.2]에 표시된 치수를 기준으로, 배선의 위쪽과 아래쪽은 18[%]~30[%] 정도의 차이가 있다.

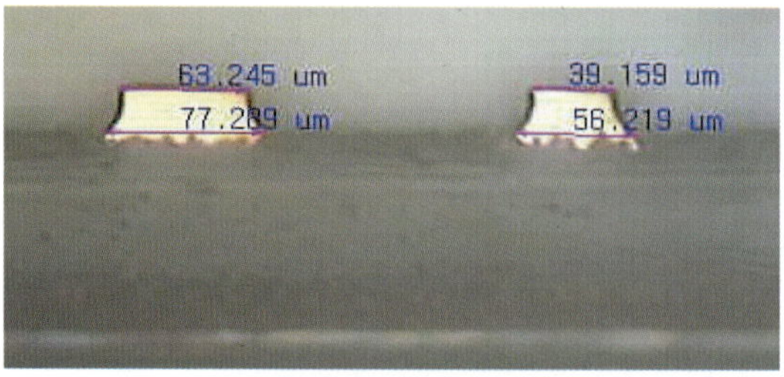

[그림 8.2] 측면 부식이 생긴 배선의 단면

배선이 미세화 됨에 따라 동박의 두께도 12[㎛] 또는 그 이하로 줄어들고 있다. 이에 따라 측면 부식도 감소[1]하고 있으나 배선폭 감소의 문제는 여전하다. HDI PCB와 빌드-업 PCB 및 CSP, BGA와 같은 IC Substrate는 배선폭/간격(Line/Space ; 이하에서는 L/S로 표기)이 20~40[㎛]로 미세하다. 미세화의 추세는 앞으로도 계속될 것이므로 Subtractive 기술로는 대응이 어렵다.

배선 형성의 한계와 측면부식의 문제를 해결하기 위해 'Additive 기술'이 사용된다. 이 기술은 Subtractive 기술과는 반대로 동을 선택적으로 도금하여 배선을 만든다. Additive 기술을 적용하면, 수십 [㎛]급의 미세하고 입체적인 배선 패턴을 가공할 수 있다.

Additive 기술에는 Full-Additive 기술과 Semi-Additive 기술이 있다. Full- Additive 기술은 전기 도금법을 사용하지 못하고, 무전해 동도금 또는 스크린 인쇄법으로 배선을 형성한다. 무전해 동도금은 도금 피막의 물성이 떨어지고, 스크린 인쇄법은 신뢰성에 한계가 있다. 이 때문에 현재는 Full- Additive 기술보다 Semi-Additive 기술이 주로 사용되고 있다.

8.1.2 Semi-Additive 기술

[그림 8.3]은 Semi-Additive 기술로 배선을 형성하는 과정이다. 그림에서 ①은 'Start Material'로, 동박이 없는 절연체이다. ②는 무전해 동을 'Seed Material'로 도금한 상태이다. 무전해 동은 전기도금을 위한 도전체이다. ③은 도금레지스트(Plating Resist) 패턴을 형성한 상태이다. 도금레지스트는 선택적인 도금[2]을 위한 것으로, 배선을 제외한 다른 부분에 형성한다.

[그림 8.3]의 ④는 전기도금으로 배선을 형성한 상태이다. 전기도금은 ②에서 형성한 'Seed Material'이 존재하기 때문에 가능하다. [그림 8.3]의 ⑤와 ⑥은 도금레지스트와 'Seed Material'을 제거하여 배선을 완성한 상태이다. Seed Material[3]은 Soft Etching으로 제거한다.

1) 측면부식은 동박의 두께에 비례한다.
2) 배선을 형성하려는 부분에만 동을 도금한다.
3) 'Shield 층'이라는 용어도 사용한다.

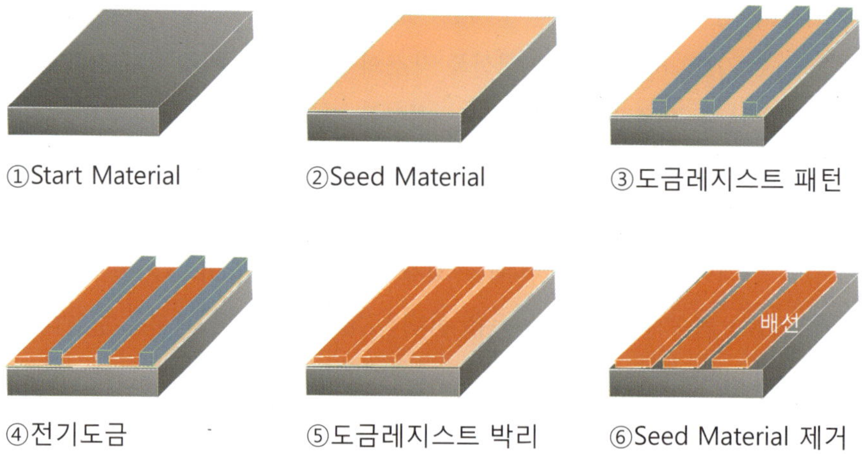

[그림 8.3] Semi-Additive기술

[그림 8.4]는 Semi-Additive 기술로 형성한 배선의 단면으로, 위쪽과 아래쪽의 배선폭이 같다. [그림 8.5]는 Semi-Additive 기술로 형성한 패턴의 전자현미경 사진이다. 이로부터 Semi-Additive 기술을 이용하면, 매우 입체적이고 미세한 패턴이 형성됨을 알 수 있다.

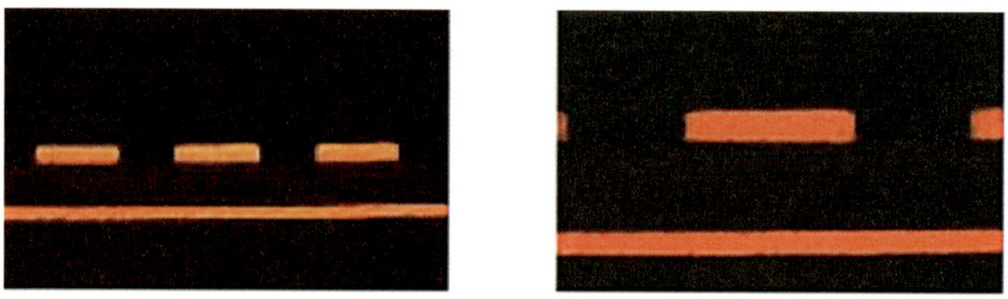

[그림 8.4] Semi-Additive 기술로 형성한 배선

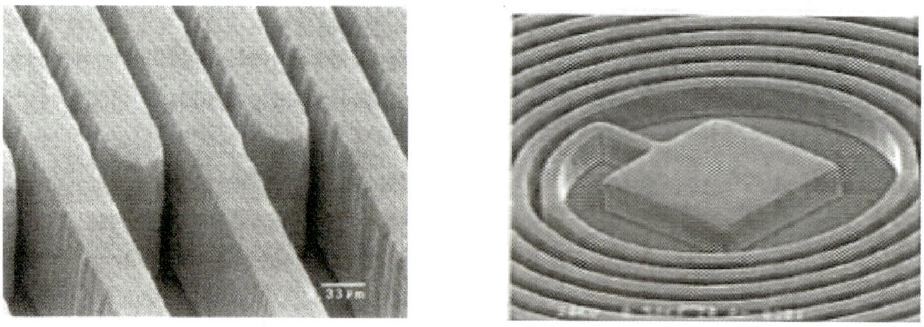

[그림 8.5] Semi-Additive 기술로 형성한 패턴

8.1.3 제조 공정

[그림 8.6]은 Semi 및 Full-Additive 기술의 제조 공정 흐름도이다. 그림에서 ①과 ②는 Semi-Additive 기술의 제조 공정이고, ③은 Full-Additive 기술의 제조 공정이다. 그림에서는 'Seed Material'의 형성 방법에 따라 Semi-Additive 기술을 2가지로 구분하였다.

[그림 8.6]에 ①로 나타낸 Semi-Additive(1)은 무전해 동을 Seed Material로 사용하는 가장 일반적인 기술이다. 무전해 동 대신에 플라즈마 방전으로 1㎛ 내외의 동을 증착하는 기술도 개발되어 있다.[4)]

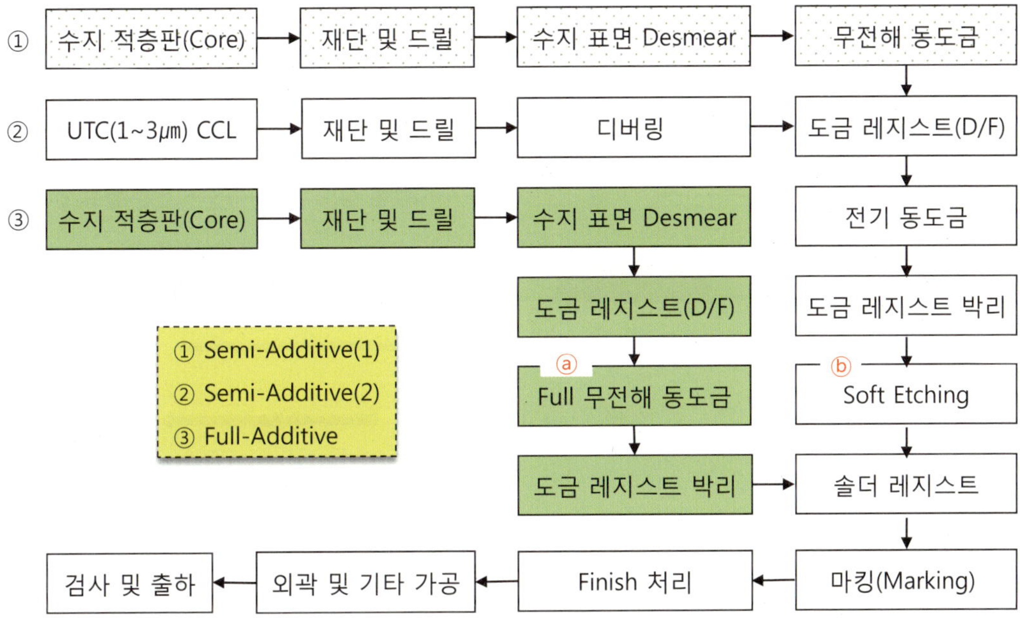

[그림 8.6] Semi 및 Full Additive 기술의 제조 공정

[그림 8.6]에 ②로 나타낸 Semi-Additive(2)는 UTC(Ultra Thin Copper Foil ; 초극동박) CCL을 이용하는 기술이다. 이 경우에는 UTC가 Seed Material이 된다.

[그림 8.6]에 ③으로 나타낸 'Full-Additive'는 Seed Material 없이 배선을 형성하는 기술이다. 따라서 Seed Material을 제거하는 공정([그림 8.6]에 'ⓑ'로 나타낸 Soft Etching 공정을 생략할 수 있는 장점이 있다. 반면에 Full- Additive 기술은 Seed Material이 없으므로 동을

4) 이 기술로는 5㎛ 이하의 배선도 형성할 수 있다. 그러나 기술이 어렵고, 많은 처리비용이 필요하기 때문에 아직 실용화되지 못하고 있다.

전기도금을 할 수 없다. 현재는 무전해 동도금(그림에 'ⓐ'로 표시)을 사용하여 배선회로를 형성하고 있으나 실용화와 경제성에 한계가 있다.

8.2 배선회로의 미세화를 위한 제조 기술

[그림 8.7]은 배선의 미세화와 관련하여 적용 및 개발되고 있는 기술들이다. 기본적으로 PCB 제조기술은 'Subtractive'로부터 'Semi-Additive' 기술로 전환되고 있다. Subtractive 기술은 LPR(Liquid Photo Resist)을 사용하면 25/25[μm] 정도의 L/S를 구현할 수 있지만, 측면 부식의 한계 때문에 제한적으로 사용될 것이다.

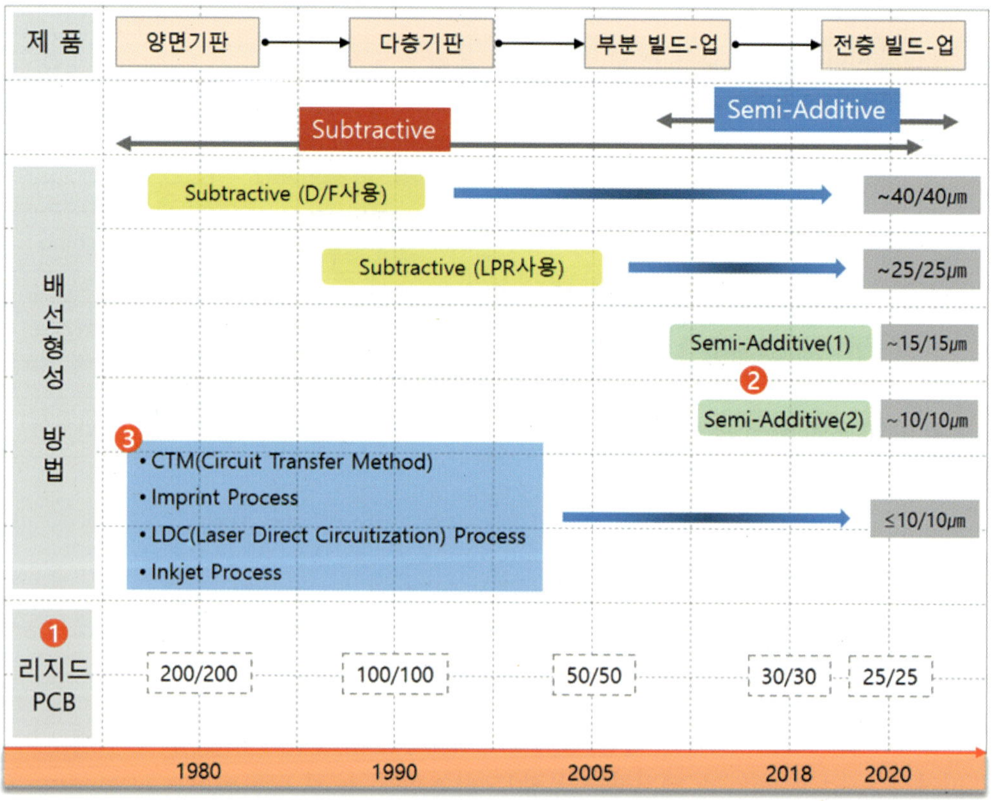

[그림 8.7] 배선의 미세화 기술 동향

그림에서 ❶은 기술 개발 단계를 기준으로 한 리지드 PCB의 L/S[μm]이다. 2018년의 경우 L/S는 30/30[μm] 수준이며, 2020년에는 25/25[μm] 수준이 될 것으로 예측되고 있다. [그림 8.7]에 ❷로 나타낸 'Semi-Additive(1)'과 'Semi-Additive(2)'는 [그림 8.6]에서 설명한 용어이다. Semi-Additive(1)은 무전해 동을 Seed Material로 사용하는 방법으로, 15/15[μm] 수준의 L/S를 가공할 수 있다. Semi-Additive(2)는 UTC(Ultra Thin Copper)를 Seed Material로 사용하는 방법으로, 이 경우에는 10/10[μm] 수준으로 L/S를 가공할 수 있다. [그림 8.7]에서 ❸은 CTM(Circuit Transfer Method), Imprint Process, LDC(Laser Direct Circuitization process)기술 등 최근에 개발되고 있는 배선의 미세화 기술들이다. 이 기술들은 아직 양산 제품에는 적용되고 있지 않으나, 이를 적용하면 10/10[μm] 이하로 L/S를 가공할 수 있다.

8.3 노광 기술

Semi-Additive 기술로 미세한 배선을 형성하기 위해서는 노광 시스템의 개선이 필요하다. 노광 시스템은 접촉 방식(Contact Type)으로부터 비접촉 방식(Non-contact Type)으로 발전하고 있다. 접촉 방식의 경우에도 마스터 필름 대신에 해상도를 높일 수 있는 글라스 마스크(Glass Mask)를 사용하는 방식으로 전환되고 있다.

[그림 8.8]은 글라스 마스크와 평행광에 의한 접촉 방식 노광 시스템이다. 이 시스템은 마스크와 D/F 간의 밀착력을 높이기 위하여 노광부를 진공으로 만든다.

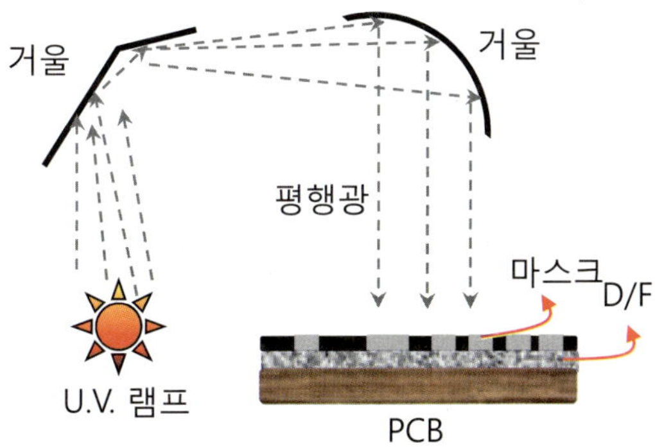

[그림 8.8] 접촉 방식 노광 시스템

접촉 방식의 노광 시스템은 글라스 마스크를 사용하여 해상도를 높였지만, 근본적으로 기판과의 접촉에 따른 마스크의 손상과 오염, 스케일 변경의 어려움이 있다.

접촉 방식 노광 시스템의 단점을 극복하기 위하여 비접촉 방식의 노광 시스템이 개발되었다. 비접촉 방식의 노광 시스템은 프로젝션(Projection) 방식과 레이저를 이용한 직접묘사(LDI ; Laser Direct Imaging) 방식이 있다. [그림 8.9]는 프로젝션 방식의 노광 시스템으로, 글라스 마스크에 형성된 배선 패턴을 렌즈로 투영하여 D/F에 전사한다.

프로젝션 방식의 노광 시스템은 접촉에 따른 마스크의 손상과 기판 오염을 근본적으로 피할 수 있다. 또한, 스케일 변경도 가능하다. 다만, 현재로는 장비의 가격이 비싸기 때문에 제한적으로 사용되고 있다.

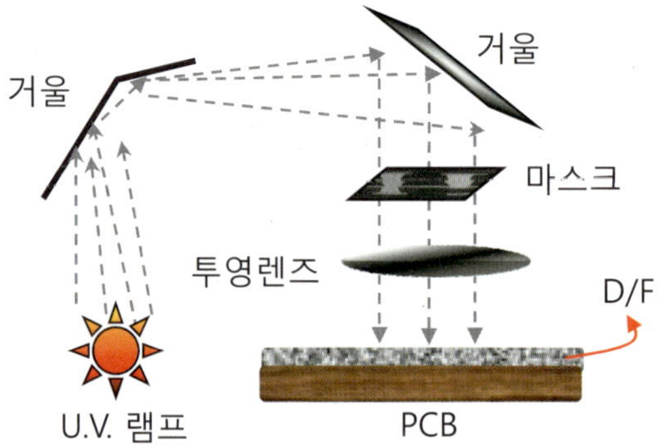

[그림 8.9] **프로젝션 방식의 노광 시스템**

직접묘사 방식의 노광 시스템은 컴퓨터에 저장된 배선 패턴 데이터를 이용해 레이저로 직접 노광한다. 이 방식은 비접촉 방식이면서 마스크를 제작할 필요가 없다는 장점이 있으나 장비의 가격이 비싸고 작업효율이 떨어지는 단점이 있다.

이상에서 살펴본 비접촉 방식의 노광 시스템은 현재로는 가격과 작업효율 면에서 문제가 있지만 배선의 미세화 추세를 감안할 때, 가까운 시일 내에 실용화 될 것이다. [표 8.1]은 접촉 방식, 프로젝션 방식, 직접묘사 방식의 특징을 비교한 것이다. 해상도는 프로젝션 방식이 가장 우수하고, 마스크 손상 방지와 스케일 변경은 직접묘사 방식이 우수하다. 전체적으로는 프로젝션 방식의 경쟁력이 높다.

[표 8.1] 노광 시스템 비교

노광 방식	접촉 방식	비접촉 방식	
		프로젝션	직접묘사(LDI)
해상도(L/S)	△	◎	○
마스크 손상	×	○	◎
스케일 변경	×	○	◎
장비 가격	○	×	×
작업효율	○	○	×

8.4 임베디드 PCB

임베디드 PCB(Embedded PCB)는 저항, 커패시터, 인덕터와 같은 수동부품(Passive Component)을 기판에 내장(Embed)[5]한 PCB이다. 최근에 IC 칩과 같은 능동부품(Active Com을 내장하는 기술도 개발되고 있으며, 이러한 의미에서 종류에 관계없이 전자부품을 내장한 PCB를 일컫는 용어로 사용되고 있다.

수동부품은 전자기기의 종류에 따라 다르지만 PCB기판에서 수로는 약 90% 정도를, 면적으로는 40% 정도를, 납땜 면적으로는 30% 정도를 각각 차지한다. 따라서 수동소자를 PCB에 내장하면, 기판 표면에 능동부품 및 배선을 배치할 수 있는 공간을 추가로 확보할 수 있다. 이는 PCB를 더 작게 만들 수 있음을 의미하며, 경박단소화가 중요한 전자기기의 경쟁력을 높일 수 있다.

[그림 7.10(a)]는 종래의 PCB의 단면이고, [그림 7.10(b)]는 임베디드 PCB의 단면이다. 이를 살펴보면, 종래의 PCB는 수동소자(저항, 커패시터)와 능동소자가 표면을 공유하고 있다. 반면에 임베디드 PCB는 저항이나 커패시터가 기판에 내장되어 PCB 표면에 여유 공간이 확보된다.

5) 'Buried'라는 용어도 사용된다.

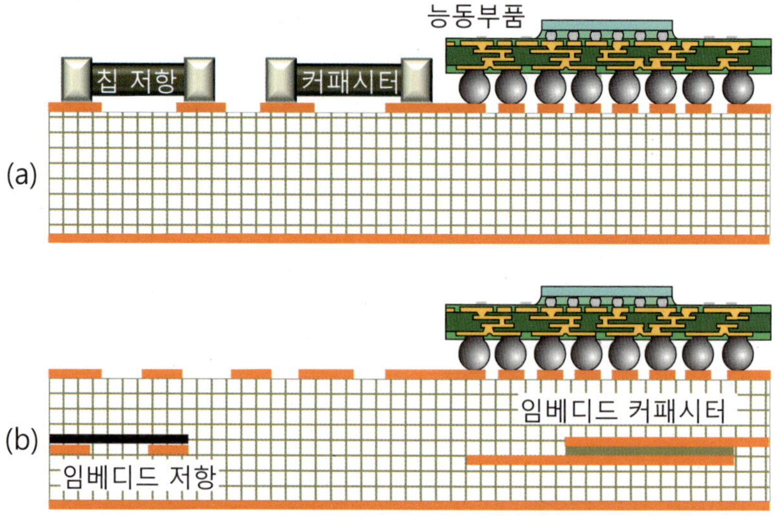

[그림 8.10] 종래의 PCB와 임베디드 PCB

임베디드 기술을 적용하면 수동부품과 능동부품이 수직방향으로 연결되어 배선 길이가 크게 감소된다. 이는 고주파 신호를 사용하는 전자기기에서 기생효과(Parasitic Effect)에 의한 임피던스 발생 및 신호지연, 누화(Cross Talk) 등의 문제를 줄이는 효과가 있다. 이 때문에 임베디드 기술은 통신용 기판을 중심으로 적용되기 시작하였다.

또한 부품비가 감소하고, 조립 및 실장 비용이 감소되는 효과도 있다. 아울러 PCB에서 불량이 많이 발생하는 납땜 점(Solder Joint)을 줄일 수 있으므로 신뢰성을 높일 수 있다.

8.4.1 임베디드 저항

저항은 전자회로에서 전류의 흐름을 제어하는 부품이다. 저항과 전류는 반비례 관계이므로 저항을 이용하여 전류 흐름을 억제하거나 증가시킨다. 임베디드 저항에는 후막형(Thick Film Type)과 박막형(Thin Film Type)이 있다.

후막형 임베디드 저항

후막형 임베디드 저항은 카본과 같이 저항률이 높은 재료(High Resistivity Material)와 비전도성 분말 및 수지로 이루어진 페이스트를 스크린 인쇄하여 만든다. 두께는 10~50[㎛] 정도이다. 후막형 임베디드 저항은 넓은 범위의 저항값을 실현할 수 있고, 공정이 간단하다는 장점이 있다. 반면에 온도에 따른 저항값의 변화가 크고, 저항 편차가 크다는 단점이 있다.

후막형 임베디드 저항은 전극 패턴을 형성한 다음, 저항 페이스트를 인쇄하고 열처리로 경화시켜 만든다. 이때 전극과 페이스트의 접촉저항을 줄이기 위해 전극에 은을 추가로 도금하기도 한다.

[그림 8.11]은 후막형 임베디드 저항의 모습이다. 그림에 '트리밍(Trimming)'이 표시되어 있는데, 트리밍이란 레이저로 저항의 일부를 제거하여 정확한 저항값을 만드는 작업이다. 이를 위해 저항값을 측정하면서 저항의 일부를 레이저로 제거한다. 그러면, 공차가 ±1% 정도인 임베디드 저항을 만들 수 있다. 다만, 트리밍은 제작된 저항의 값이 원하는 저항값보다 낮은 경우에만 적용할 수 있다.

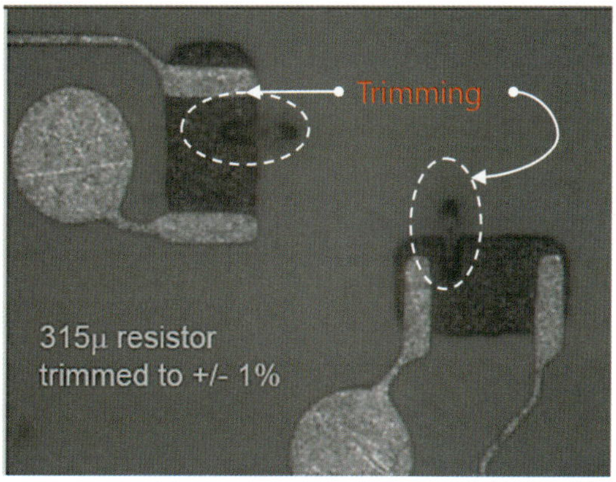

[그림 8.11] **후막형 임베디드 저항**

박막형 임베디드 저항

박막형 임베디드 저항은 두께가 1[㎛] 정도인 박막으로 만든 임베디드 저항이다. 두께가 얇기 때문에 내장하여도 PCB 전체 두께에 미치는 영향이 적고, 온도에 따른 저항값 변화가 작다. 또한 저항값의 공차가 작다는 장점도 있다. 반면에 만들 수 있는 저항값의 범위는 작다. 박막형 임베디드 저항도 레이저 트리밍으로 원하는 저항값을 만든다.

박막형 임베디드 저항에는 라미네이트 타입(Laminate Type)과 도금 타입(Plating Type)이 있다. [그림 8.12]는 라미네이트 타입의 박막형 임베디드 저항으로, 전극에 비해 두께가 매우 얇다.

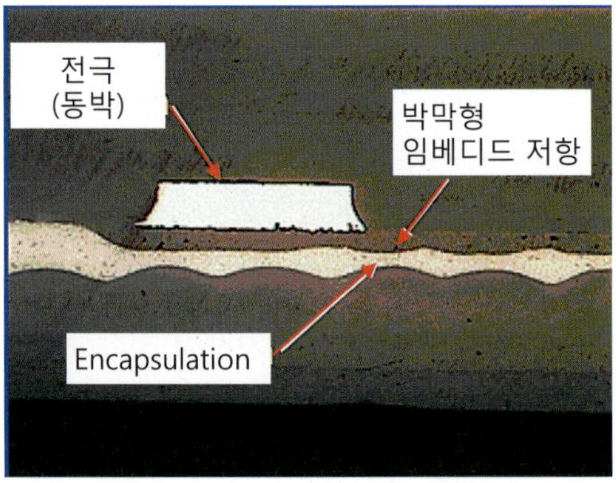

[그림 8.12] **박막형 임베디드 저항**

라미네이트 타입의 임베디드 저항은 저항 재료가 코팅된 동박을 이용하여 만든다. 소재는 Omega-Ply, Shipley, Gould 등의 제조사에서 공급하고 있으며, 저항 재료로는 Ni-P, NiCr 등이 사용된다. 저항 소재를 프리프레그에 적층하고, 동박을 가공하여 전극을 만들면, 임베디드 저항이 만들어진다.

도금 타입의 임베디드 저항은 전극을 먼저 만들고, 전극에 맞추어 저항 재료를 선택적으로 무전해 도금하여 만든다. 선택적인 도금을 위해 도금레지스트가 사용된다. 이 방법은 'Macdermid'에서 개발하였으며 저항 재료로는 Ni-P가 사용된다.

8.4.2 임베디드 커패시터

커패시터는 유전체를 사이에 두고 양쪽에 두 개의 전극이 위치하는 구조이며, 전극에 전하를 충전하였다가 방전하는 동작을 한다. 커패시터가 전하를 충전하는 정도를 정전용량(Capacitance)이라 하며, 이는 전극의 면적과 유전율에 비례한다. 임베디드 커패시터는 넓은 면적을 확보하기 어렵기 때문에 고 유전율의 재료를 사용하며, 후막형(Thick Film Type)과 박막형(Thin Film Type)이 있다.

후막형 임베디드 커패시터

후막형 임베디드 커패시터는 FR-4 또는 $BaTiO_3$ + Polymer 수지로 구성된 페이스트 등을 유전체로 사용하며, 유전체의 두께는 10~20[㎛] 정도이다. 후막형 임베디드 커패시터는 현재 일부 PCB 제품에 적용되고 있으나, 정전용량 밀도가 낮아 제한적으로 사용되고 있다. 후막형 임베디드 커패시터를 만들기 위한 소재는 동박에 유전체를 코팅한 CCL 형태

(Sheet)이며, Dupont, Sanmina-SCI, 3M 등에서 만들고 있다.

[그림 8.13]은 후막형 임베디드 커패시터를 내장한 PCB의 단면도이다. 이는 CCL 형태의 소재를 기판에 적층한 다음, 전극을 가공하여 만든다.

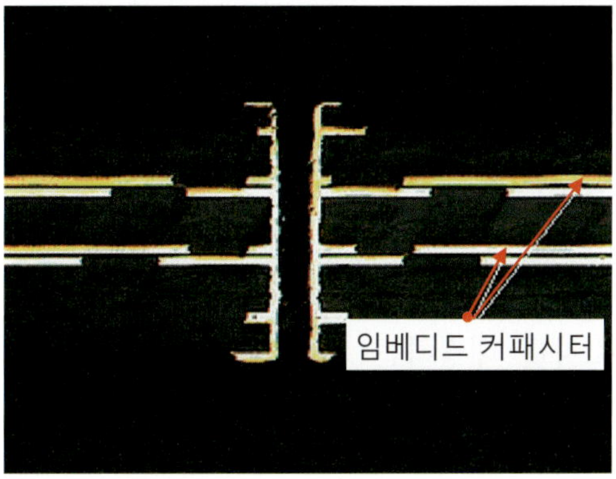

[그림 8.13] **후막형 임베디드 커패시터**

▌박막형 임베디드 커패시터

박막형 임베디드 커패시터는 높은 정전용량을 가진 임베디드 커패시터를 만들기 위해 개발되었다. 박막형 임베디드 커패시터는 스퍼터링 또는 'Sol-Gel' 등의 방법으로 형성한 1[㎛] 내외의 박막을 유전체로 사용한다. 유전체의 두께가 얇으므로 높은 정전용량 밀도를 얻을 수 있다. 다만, 생산이 어렵고, 비용이 많이 들며, 누설전류(Leakage Current)가 많이 흐르는 등 신뢰성이 낮아 아직은 실용화되지 못하고 있다.

위에서 설명한 후막형 및 박막형 임베디드 커패시터는 큰 정전용량을 얻을 수 없거나 개발 초기 단계에 있어 실질적인 활용이 어렵다. 이러한 문제의 대안으로 외장형 칩 커패시터인 MLCC(Multi Layer Ceramic Capacitor)[6]를 내장하는 기술도 개발되었다.

8.4.3 임베디드 인덕터

전원공급기와 고주파 회로에 많이 사용되는 수동소자인 인덕터(Inductor)를 내장하려는 시도도 이루어지고 있으며, 아직은 개발 초기 단계에 있다. [그림 8.14]는 여러 가지 임베디드 인덕터의 모습이다. 코일의 형태에 따라 솔레노이드형(Solenoid Type), 나선형(Spiral Type), 곡류형(Meander Type) 등이 있다.

6) 세라믹 유전체와 전극을 여러 층으로 적층하여 만든 칩 형태의 커패시터이다.

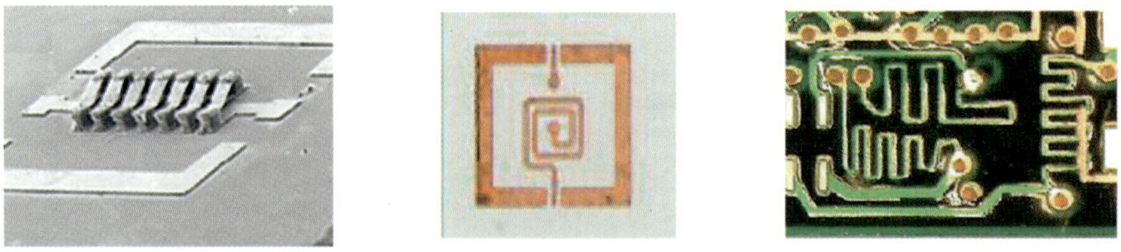

[그림 8.14] 임베디드 인덕터

8.4.4 임베디드 액티브

이제까지의 임베디드 PCB 기술은 주로 수동소자를 대상으로 기술이 개발되었다, 최근에는 IC 칩과 같은 능동소자를 내장하는 기술도 개발되고 있다. 이를 '임베디드 액티브(Embedded Active)'라고 한다. [그림 8.15]는 IC 칩을 내장한 임베디드 PCB의 단면 모습이다.

[그림 8.15] IC 칩을 내장한 임베디드 PCB

임베디드 액티브 기술을 적용하면 제한된 PCB 공간에 더 많은 IC 칩을 실장할 수 있어 전자기기의 고성능화가 가능하다. 또한 PCB 기판을 보다 얇게 만들 수 있고, 잡음에 대한 신뢰성도 높일 수 있다.

반면에 칩에서 발생하는 열에 대한 대책이 필요하고, 제조 공정이 복잡해지고 제조비용이 증가하는 단점이 있다. 또한 칩의 배열 정밀도, 칩을 고정시키는 방법, 내장된 칩을 검사하는 기술의 개발이 필요하다.

8.5 환경 문제

PCB를 포함한 각종 전자부품과 기계부품이 결합되어 있는 전자기기에는 납(Lead ; Pb)을 비롯하여 다수의 중금속과 환경 유해물질이 포함되어 있다. 전자기기의 상당수는 사용 후에 아무런 처리 없이 그대로 버려지기 때문에 많은 유해 물질이 토양과 하천은 물론 지하수까지 오염시키고 있다. 오염된 토양과 식수는 가축은 물론 인간에게까지 직접적인 악영향을 미친다. 이러한 과정을 [그림 8.16]에 나타내었다.

[그림 8.16] **전자기기에 의한 환경오염**

전자기기에 의한 환경오염을 방지하기 위해 유해 물질의 사용을 금지하는 규제를 여러 나라에서 시행하고 있다. 이러한 환경 규제에는 납의 사용을 금지하는 'Lead Free'와 할로겐족 원소의 사용을 규제하는 'Halogen Free' 및 납을 포함한 6가지의 유해 물질을 종합적으로 규제하는 RoHS(Restricting the use Of Hazardous Substances)가 있다.

▌무연솔더

PCB와 관련한 환경 규제는 납땜용으로 사용하는 납[7]의 사용을 금지하는 것으로 시작되었다. 이 때문에 납 성분이 포함되지 않은 무연솔더(Lead Free Solder)가 개발되었다. [표

7) 기존의 땜납은 주석(Sn)과 납(Pb)을 합금한 공정솔더(Eutectic Solder)이다.

8.2]는 기존의 땜납인 공정솔더와 무연솔더를 비교한 것으로, 공정솔더에 비해 무연솔더의 특성이 대부분 떨어진다. 그럼에도 불구하고 환경 규제를 피하려면, 무연솔더를 사용해야 한다.

[표 8.2] **공정솔더와 무연솔더 비교**

	공정솔더(Sn-Pb)	무연솔더
가격	저가	고가
융점	저융점(183℃)	고융점(180~210℃)
젖음성	우수	떨어짐
작업성	우수	떨어짐
기계적 특성	우수	접합강도 향상(충격에는 약함)
유연성	우수	떨어짐
기타	-	고온작업에 따른 불량 증가

무연솔더는 융점이 높아 고온에서 작업해야 하며, 이 때문에 층간 박리(Delamination), 동박의 접착 강도의 약화 및 플럭스(Flux)[8])가 산화되는 등의 문제가 발생하고 있다. 무연솔더로는 'Sn-Ag-Cu계', 'Sn-Cu계', 'Sn-Ag-Cu-Bi계', 'Sn-Zn계'가 개발되어 있다. 이 중에서 'Sn-Ag-Cu계'가 가장 많이 사용된다.

RoHS와 Halogen-Free

RoHS는 EU(유럽연합)에서 2006년 7월부터 시행한 환경 규제로, 6가지 유해물질[Pb, Hg, Cd, 6가 크롬(Cr^{+6}), 브롬계 난연제(PBB, PBDE[9]))]의 사용을 금지하는 규제이다. 또한 Halogen-Free는 PCB의 소각 시 다이옥신을 발생시키는 Halogen족 화합물(Br, Cl)의 사용을 최소화하는 규제이다. 이는 할로겐족 화합물이 암과 피부 질환의 원인이 되는 등 독성을 가지고 있기 때문이다.

8) 납땜할 금속표면의 산화물을 제거하고 산화를 방지하며 열전도성을 증가시키는 역할을 한다.
9) PBB: Poly-Brominated Biphenyl / PBDE: Poly-Brominated DiphenylEther

8.6 광 PCB

기존의 PCB는 동박 배선으로 전기신호를 전달한다. 반면에 광 PCB(Optical PCB, Light on Board)는 전기신호를 광신호로 바꾼 다음 광도파로(Optical Waveguide) 또는 광섬유(Optical Fiber)를 통해 신호를 전달한다. 이렇게 하면, 무엇보다 신호의 빠른 전송이 가능하고, 전자기적인 잡음과 간섭, 신호의 왜곡을 근본적으로 방지할 수 있다.

기존의 PCB에서는 전송속도가 1Gbps를 넘는 시점부터 신호의 왜곡과 간섭이 발생하고, 소비전력도 빠르게 증가한다. 이 때문에 2.5Gpbs 정도가 동박 배선의 한계가 되고 있다. 그 대안으로 광 PCB가 등장하였으며, 많은 국가와 기업에서 관심을 가지고 개발에 참여하고 있다.

광도파로[10]를 내장한 광 PCB를 WEPCB(Waveguide Embedded PCB)라 하고, 광섬유를 내장한 것은 FEPCB(Fiber Embedded PCB)라 한다. 빛이 전반사되면서 전파되려면, 굴절률이 큰 매질을 굴절률이 작은 매질로 감싸는 구조가 필요하다. 굴절률이 큰 부분을 코어(Core), 작은 부분을 클래딩(Cladding)이라 한다. 광섬유는 일종의 길게 만든 광도파로라고 생각할 수 있으며, 주로 실리카 재료의 유리섬유로 만든다. 광섬유를 다발로 묶어 광통신에 사용하는 것이 광케이블이다.

[그림 8.17]은 PCB의 내층(FR4)에 만들어진 광도파로의 모습으로, 50㎛×38㎛ 크기의 코어를 클래딩 층이 감싸고 있다. [그림 8.18]은 한국광기술원(KOPTI)에서 개발한 광 PCB의 모습이다. 그림에 보이는 두 개의 PCB는 광도파로를 내장한 플렉시블 WEPCB로 연결되어 있으며, 이를 통해 광신호가 전달되고 있다.

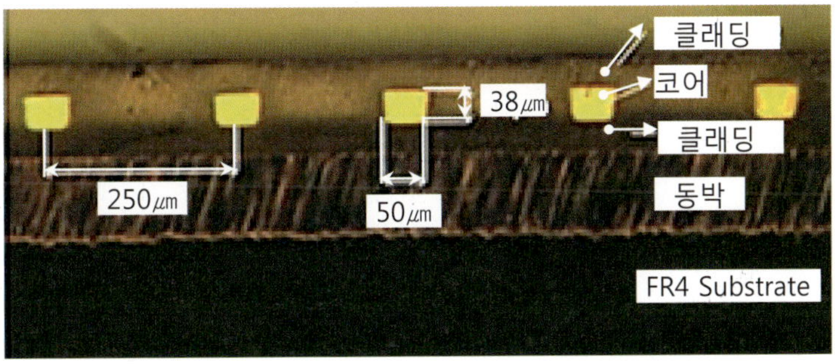

[그림 8.17] PCB의 내층에 만든 광도파로

10) 빛이 전반사(Total Reflection)되면서 전파될 수 있도록 고분자 재료(Polymer)를 가공하여 만든 빛의 통로이다.

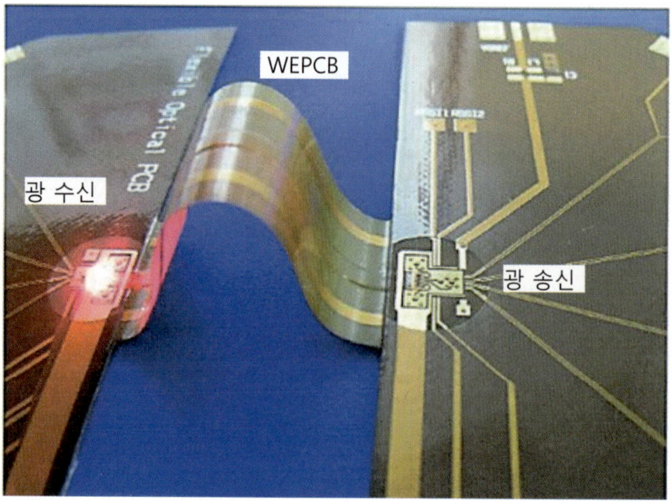

[그림 8.18] **광 PCB를 이용한 신호전송**

광 PCB로는 광도파로를 이용하는 WEPCB가 주로 개발 및 적용되고 있다. 그 이유는 제작 기술이 많이 개발되어 전송 성능이 우수하고, 적층 시 도파로가 찌그러지는 문제가 광섬유에 비해 적기 때문이다.

광 PCB는 기본적으로 전기신호를 광신호로 변환하는 모듈과 광도파로(또는 광섬유) 및 수신된 광신호를 전기신호로 변환하는 모듈이 필요하다. [그림 8.19]는 광 PCB의 기본적인 구조와 동작 원리이다.

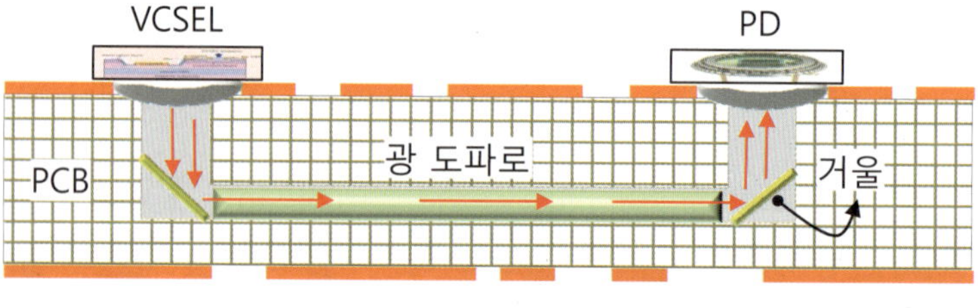

[그림 8.19] **광 PCB의 구조와 동작 원리**

그림에서 VCSEL(빅셀, Vertical Cavity Surface Emitting Laser)은 전기신호를 광신호로 변환하는 레이저이다. 여기에서 발생된 광신호는 VCSEL의 아래에 45°각도로 만들어 놓은 거울을 통해 광도파로에 전달된다. 광도파로를 지난 광신호는 또 다른 거울을 통해 PD로 전달된다. PD는 포토다이오드(Photo Diode)로서 수신된 광신호를 전기신호로 변환한다. 이렇게 하여 PCB 내에서 빛에 의한 신호 전송이 이루어진다.

광 PCB는 2006년부터 PC와 네트워크 장비를 중심으로 적용되기 시작했다. 광 PCB는 우리나라를 비롯하여 미국과 일본, 유럽의 여러 업체들이 활발하게 개발하고 있으며, 광전송 효율 개선, PCB에 광섬유를 내장하는 기술, 광소자의 집적화, 신뢰성을 높이는 방안이 개발되고 있다.

향후 광 PCB는 슈퍼 컴퓨터에서 전기신호의 병목 현상이 많은 칩 간 연결, 컴퓨터 메인보드의 주요 칩셋 간 연결, 광통신 시스템의 백본(Backbone) 등 고속연산이 필요한 회로에 많이 적용될 것이다.

8.7 방열 PCB

방열 PCB는 LED(Light Emitting Diode)와 같은 반도체 부품에서 발생한 열을 효과적으로 방출하도록 만든 PCB이다. 이를 위해 방열성이 높은 소재들을 이용한다. 방열 PCB에 사용되는 소재는 크게 금속(Metal) 소재와 세라믹(Ceramic) 소재가 있다. 금속 소재로는 알루미늄(Aluminium ; Al)이 가장 많이 사용되며, 비율이 높지는 않지만 구리나 철이 사용되기도 한다. 세라믹 소재로는 알루미나(Alumina ; Al_2O_3), 질화알루미늄(Aluminum Nitride ; AlN), 질화규소(Silicon Nitride ; Si_3N_4) 등이 있다. 방열을 위해 금속 소재를 사용한 PCB를 'MCPCB(Metal Core PCB)'라 하며, 세라믹 소재를 사용한 경우에는 '세라믹 PCB'라 한다.[11] 세라믹 소재들은 금속 소재에 비해 방열성이 뛰어나므로 주로 대전력을 다루는 파워 모듈(Power Module)용 PCB에 사용된다. 세라믹 소재 중에서는 알루미나의 가격이 가장 저렴하며, 방열성은 질화알루미늄이나 질화규소보다 떨어진다.[12]

현재, 방열 PCB는 LCD(Liquid Crystal Display ; 액정) 디스플레이와 TV 제품의 BLU (Back Light Unit)[13] 및 LED 조명에 주로 사용되고 있다. 이들 제품은 가격이 저렴한 알루미늄을 방열 소재로 사용하기 때문에 MCPCB가 방열 PCB 시장의 80% 이상을 차지하고 있다. 최근에는 방열성이 훨씬 뛰어난 알루미나 소재도 일부 사용되고 있다.[14] 자동차에 사용되는 전장용 PCB의 경우, 부품 수와 실장 밀도가 증가하여 기존의 알루미늄으로는

11) 'Ceramic Core PCB'로 표시하기도 한다.
12) 예를 들어 질화알루미늄의 방열성은 알루미나의 7배 이상이다.
13) LCD는 스스로 빛을 내지 못하므로 다른 광원이 내는 빛을 이용하여 영상 정보를 표시한다. LCD용 광원 장치를 BLU라 하며, 광원으로는 LED가 사용된다.
14) 알루미나 소재를 사용하면, 기판의 가격이 2~3배 정도 비싸진다.

효과적인 방열이 어려우며, 이 때문에 알루미나 소재의 사용 비율이 증가하고 있다.

현재 가장 많이 사용되고 있는 MCPCB의 구조를 살펴보자. [그림 8.20]은 MCPCB의 단면으로, 금속 소재인 메탈 코어 위에 절연층(Dielectric Layer)과 동박(Copper Foil)이 적층되어 있다. 메탈 코어는 기판의 바탕이 되므로 베이스 층(Base Layer)이라고도 한다. 절연층으로는 일반 프리프레그(Prepreg) 보다 열전도성이 우수한 'T-Preg'가 사용된다. 동박은 기본적으로 일반 PCB보다 두꺼우며, 전류량에 따라 300[㎛] 이상의 두께를 가진 동박이 사용되기도 한다.

[그림 8.20] MCPCB의 단면 구조

[그림 8.21]은 MCPCB의 실제 단면 모습이다.[15] 메탈 코어[16]와 프리프레그의 절연층 및 패턴이 가공된 동박을 확인할 수 있다. LED와 같은 반도체 부품에서 발생한 열은 동박과 절연층을 거쳐 메탈 코어로 전달된다. 메탈 코어는 높은 방열성을 이용해 열을 효과적으로 외부로 방출한다.

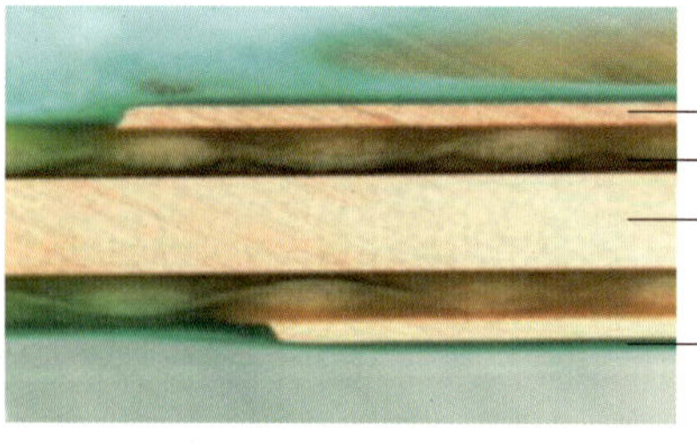

[그림 8.21] MCPCB의 실제 단면 모습

MCPCB는 메탈 코어의 열팽창계수가 PCB를 이루는 다른 소재에 비해 커서 열 충격에 의해 칩 부품의 땜납에 균열(Crack)이 발생하기 쉽다는 단점이 있다. 이러한 문제를 줄이려면 방열 성능을 충분히 확보하고, 칩 부품의 실장 신뢰성을 높여야 한다.

15) 출처 : https://www.furukawa.co.jp
16) 이 메탈코어는 알루미늄이 아닌 구리이다.

[그림 8.22]는 LED 실장용 MCPCB의 모습이다. 그림에서 방열기(Heat Sink Slug)는 MCPCB의 동박 배선에 접착되어 있으며, LED의 열을 빠르게 흡수하여 동박 배선을 통해 써멀 비아(Thermal Via) 및 절연층에 전달한다. 써멀 비아는 방열성을 높이기 위해 동박 배선과 메탈 코어 사이에 만든 관통 홀이다. 써멀 비아의 내벽은 동으로 도금되어 있으며, 이를 통해 동박 배선의 열을 효과적으로 메탈 코어로 전달한다.

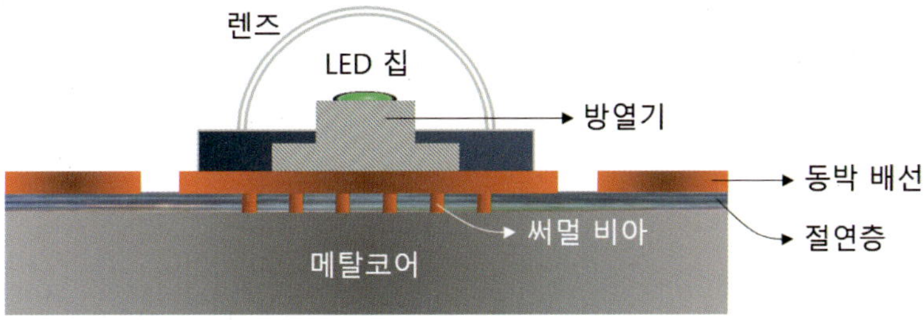

[그림 8.22] LED 실장용 MCPCB

[그림 8.23]은 MCPCB용 기판과 이를 이용하여 만든 MCPCB[17]이다. 그림 (a)는 MCPCB용 기판으로, 동박의 두께는 규격에 따라 35~350[㎛] 정도이다. 메탈 코어로는 알루미늄 및 구리가 사용된다. 알루미늄은 규격에 따라 0.51~4.83[mm] 정도의 두께를 가지며, 구리는 0.51~3.18[mm] 정도이다. 그림 (b)는 그림 (a)에 보인 기판을 이용하여 만든 MCPCB의 모습이다.

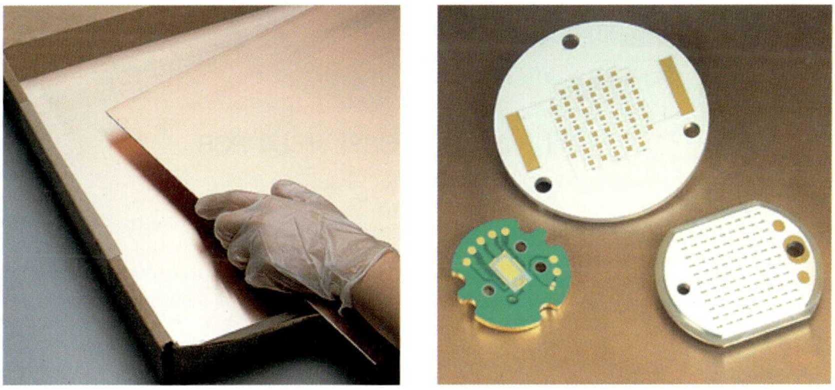

(a) (b)

[그림 8.23] MCPCB용 기판과 이를 이용하여 만든 PCB

17) 출처 http://www.bergquistcompany.com

[그림 8.24]는 MCPCB의 모습으로, 메탈 코어와 절연층 및 동박 배선을 확인할 수 있다.

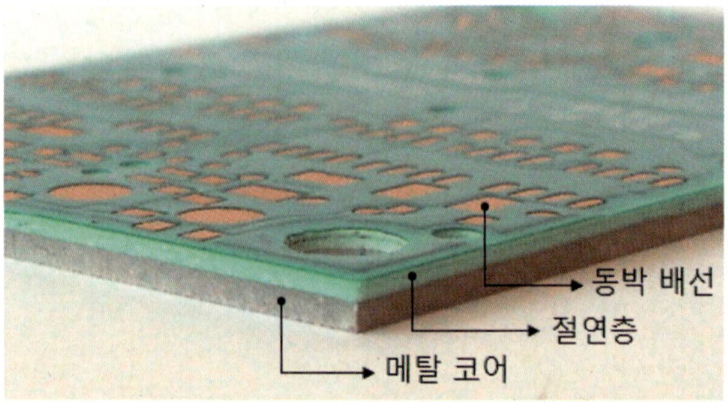

[그림 8.24] MCPCB의 모습

[그림 8.25]는 MCPCB와 세라믹 PCB의 모습으로, 그림 (a)는 MCPCB이고, 그림 (b)는 세라믹 PCB이다.

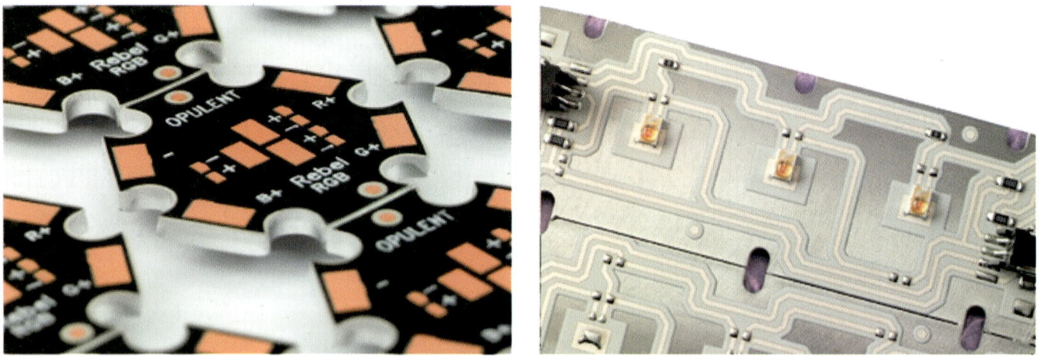

(a) (b)

[그림 8.25] MCPCB와 세라믹 PCB

셀프테스트

Self Test

chapter 08

1 현재의 주된 PCB 제조기술은 (Subtractive 기술, Semi-Additive 기술)이다.

2 Semi-Additive 기술은 전기 동도금으로 배선을 형성한다. (○, ×)

3 노광 시스템은 접촉 방식으로부터 (　　　　　) 방식으로 발전하고 있다.

4 다음 중에서 접촉방식으로 노광할 때 해상도를 높이기 위해 사용하는 것은 무엇인가?

① 마스터 필름　　　② 글라스 마스크

③ 레이저　　　④ 프로젝션 렌즈

5 현재의 임베디드 PCB 기술은 수동소자만을 내장할 수 있다. (○, ×)

6 다음 중에서 임베디드 PCB의 장점이 아닌 것은 무엇인가?

① 배선 길이가 감소된다

② 임피던스 발생, 신호지연 등의 문제를 줄일 수 있다

③ 부품비가 감소하고, 조립 및 실장 비용이 감소된다

④ 납땜 점(Solder Joint)이 증가한다

7 레이저로 임베디드 저항의 일부를 제거하여 정확한 저항을 만드는 작업을 무엇이라 하는가?

(　　　　　　)

8 (후막형, 박막형) 임베디드 커패시터의 정전용량이 더 크다.

9 납을 포함한 6가지의 유해물질을 규제하는 것을 무엇이라 하는가?

① RoHS ② Lead Free

③ Halogen Free ④ Sn-Ag-Cu

10 다음의 광 PCB에 대한 설명 중에서 옳지 않은 것은 무엇인가?

① 전기적인 잡음과 간섭, 신호의 왜곡을 방지할 수 있다

② 신호를 보다 빠르게 전송할 수 있다

③ 배선 밀도를 높일 수 있다

④ 광도파로를 이용하는 WEPCB가 주로 개발되고 있다

11 다음 중에서 방열성이 가장 낮은 소재는 무엇인가?

① 알루미나 ② 질화규소

③ 질화알루미늄 ④ 알루미늄

12 LCD 디스플레이와 TV 제품의 BLU 및 LED 조명에서 가장 많이 사용되는 방열 PCB는 (MCPCB, 세라믹 PCB)이다.

저자와의
협의에 의해
인지 생략

새로운

PCB 제조기술입문

7판 1쇄 2023년 3월 2일

저 자	홍순관
발행인	송광헌
발행처	복두출판사
주 소	서울특별시 영등포구 경인로82길 3-4 센터플러스 807호 (우) 07371
전 화	02-2164-2580
FAX	02-2164-2584
등 록	1993. 11. 22. 제 10-902 호

정가 : 18,000원

ISBN : 979-11-6675-260-5 93560

한국과학기술출판협회 회원사

* 본 도서의 자료 업데이트가 있을 경우 본사 홈페이지 자료실에 업로드 됩니다. 정기적으로 들러서 유익한 자료를 받아가시기 바랍니다.